WÜRTTEMBERGER WEINLESE

Winzer und Weine rund um Stuttgart

Kathrin Haasis

WÜRTTEMBERGER WEINLESE

Winzer und Weine rund um Stuttgart

Fotos von Martin Stollberg

THEISS

Mit Texten von Harald Beck und Holger Gayer

Bibliografische Information der Deutschen Nationalbibliothek
Die Deutsche Nationalbibliothek verzeichnet diese Publikation in der Deutschen Nationalbibliografie;
detaillierte bibliografische Daten sind im Internet über http://dnb.d-nb.de abrufbar.

Umschlaggestaltung: Stefan Schmid, Stuttgart, unter Verwendung folgender Abbildungen:
(oben) Weinberg im Speckgürtel,(Mitte v.l.) Moritz und Hans Haidle, Bernhard Nanz, Fernsehturm,
kleiner Junge mit Bütt bei der Weinlese, Reiter am Haberschlachter Heuchelberg, (unten) Traube
(© Martin Stollberg)

Bildnachweis: alle Fotos von Martin Stollberg, außer S. 157, 158, 160, 161, 162, 163 (© privat)

© 2012 Konrad Theiss Verlag GmbH, Stuttgart
Alle Rechte vorbehalten
Lektorat: Esther Gabler, Steinenbronn
Kartographie: Peter Palm, Berlin
Satz und Gestaltung: Büro für Gedrucktes, Beate Mössner
Druck und Bindung: Himmer AG, Augsburg
ISBN 978-3-8062-2517-4

Besuchen Sie uns im Internet www.theiss.de

Inhalt

Vorwort – 11

WIE DER WÜRTTEMBERGER ZU SEINEM WEIN KAM – 13

SCHWÄBISCHE EIGENARTEN – 23

Aufstand der Wengerter – 24

Vom Leben der Genossen – 27

Ein Wengerterhäusle als Mittelpunkt – 30

WEIN 0711 – 35

Stuttgart – 36

Mister Riesling – 38
Hans-Peter Wöhrwag ist Stuttgarts bester Winzer

Deutschlands herausragendes Kollektiv – 40
Die Untertürkheimer Genossenschaft setzt neue Maßstäbe und nennt sich Weinmanufaktur

Die schönsten Aussichten – 42
Das Collegium Wirtemberg sitzt am Fuß der Grabkapelle von Königin Katharina Pawlowna

Ein Kellermeister krempelt um – 44
Die Cannstatter Genossen holen mit Thomas Zerweck auf

Allein unter Männern – 46
Wein- und Sektgut Christel Currle – 46
Rux Wein – Heike Ruck – 47

Den Preis legen die Stadträte fest – 49
Die Landeshauptstadt leistet sich ein eigenes Weingut

Das schmeckt den Fantastischen Vier – 52
Der Newcomer Frank J. Haller will ein Stadtwinzer sein

Mit einer Signalfarbe in die Selbstständigkeit – 54
Klaus-Dieter Warth setzt auf Orange und seinen Ideenreichtum

Zwei Dörfer in der Stadt – 56
Die Weingärtnergenossenschaft Rohracker in einer sympathischen Sackgasse – 56
Die Weingärtnergenossenschaft Hedelfingen und ihr Garagenmodell – 57

Nebenerwerbsromantik am Scharrenberg – 59
Der Revoluzzer Bernd Kreis baut inzwischen Trollinger an – 60
Weinbau Knobloch-Wolfrum – wenig Erfahrung, brennender Ehrgeiz – 61

Im Wohnzimmer der Wengerter – **62**

Der Tatort-Besen – **64**

Der Toskana-Besen – **65**

Der Sonnen-Besen – **65**

Der Feuerbach-Besen – **66**

Der Traditions-Besen – **67**

Der Stadt-Besen – **68**

Der Ursprungs-Besen – **68**

Fellbach – **69**

Der König vom Kappelberg – 71

Gert Aldinger steht an der Spitze Württembergs

Ein kometenhafter Aufstieg – 74

Rainer Schnaitmann hat die Bezeichnung Shootingstar 1:1 umgesetzt

Zufriedene Genossen – 76

Die Fellbacher Weingärtner fahren von Anfang an eine gute Ernte ein

Im Windschatten des Spitzenduos – 78

Markus Heids Weingut ist im Vergleich zwar klein, aber nicht mehr zu übersehen

WEIN IM SPECKGÜRTEL – 81

Remstal und Unterland – **82**

Der erste Jungstar des Remstals – 83

Hans Haidle hat in Stetten mit wenig Ausbildung sehr viel erreicht

Der Holzwurm im oberen Remstal – 85

Im Weingut Jürgen Ellwanger setzen die Söhne die Arbeit des Vaters fort

Das Erfolgsrezept Junges Schwaben – 87

Jochen Beurer – der Riesling-Extremist – **88**

Sven Ellwanger – der Sauvignon-blanc-Pionier – **89**

Hans Hengerer – das Allround-Talent – **90**

Rainer Wachtstetter – der Bart ist ab – **92**

Jürgen Zipf – ein Handwerker mit Fingerspitzengefühl – **93**

Aus der Heimat Erde – 95

Werner Kuhnle baut in Strümpfelbach auf Bewährtes – und Neues

Ein guter Platz in den Weinbergen – 98

Wolfgang Klopfer macht in Großheppach Weine mit Profil

Eine individuelle Geschichte – 100

Andreas Knauß geht mit viel Talent an sein Geschäft

Korber Köpfe mit Aussicht – 102
Bei den Zimmerles mischt der Sohn Jens den Keller auf

Die Marktfrau unter den Winzern – 104
Barbara Medinger-Schmid, die Allrounderin aus Kernen-Stetten

Nicht nur Essig in Esslingen – 106
Hans Kusterer kämpft um die Weinbautradition in der einstigen Reichsstadt

Eine tonangebende Familie – 108
Ernst Dautel hat in Bönnigheim Spuren hinterlassen, sein Sohn Christian findet neue Wege

Ein Aushängeschild fürs Ländle – 110
Das Weingut Herzog von Württemberg in Ludwigsburg holt auf

Quintessenz aus dem Unterland – 112
Michael Schiefer aus Lauffen will mit Kollegen den Württemberger entstauben

Wo der Wein zur Staatsaffäre wird – 114
Das Staatsweingut Weinsberg spielt eine Doppelrolle – als Ausbildungsstätte und Musterweingut

Projekt Optimierung – 116
Die Genossenschaft Cleebronn-Güglingen auf dem Vormarsch

Autodidakt im Rübenkeller – 118
Fritz Funk macht in Löchgau Weine nach einem einfachen Rezept

Kein Kopfweh für die Prominenz – 120
Der Fleiner Robert Bauer hat in Martin Albrecht den perfekten Nachfolger gefunden

SONDERKULTUREN – 123

Wengerter im Höhenrausch: ein Lehrer als Weinmacher – 124
Helmut Dolde stellt in Frickenhausen-Linsenhofen den guten Ruf des Täleswein wieder her

Die Edelsteine unter den Württembergern: eine Flasche für 100 Euro – 127
Albrecht Schwegler ist in Korb als Geschäftsführer und Nebenerwerbswengerter erfolgreich

Mehr als öko: Homöopathie für den Wein – 130
Die Siglingers in Großheppach lassen im Weinberg und im Keller die Natur walten

Da vergeht den Spöttern das Lachen: trinkbare Tropfen aus Tübingen – 132
Christian Gugel baut ein neues Weingut auf und arbeitet sogar für die Universität

In der Champagne abgekupfert: Schwaben erfinden den Sekt – 134
Georg Christian Kessler sorgt in Esslingen für eine glamouröse Geschichte

Konkurrenz für die Champagne: eine Bratbirne als Zankapfel – 137
Jörg Geiger bringt im Landkreis Göppingen heimisches Streuobst groß heraus

Württemberger Randlagen – 139
Gerlingen – 139
Reutlingen – 139
Metzingen – 140
Bodensee – 141
Bad Mergentheim – 141

WEINQUELLEN – 143

Zum Wohle der Stadt – 144
Die wichtigste Jahreszeit – 145
Alle auf einen Streich – 145
(W)Einkaufen – 147
Handelnder Vordenker im Süden – 147
Lange Geschichte im Bohnenviertel – 148
Bei Bronner hat die Werbung ein Gesicht – 149
Der weinverrückte Supermarkt-Chef – 150
Château Petrus auf der Königstraße – 151
Feinkost im Weinland – 152
Der Riese auf den Fildern – 153

DER WÜRTTEMBERGER SPRENGT DIE GRENZEN – 155

Ein deutscher Graf beherrscht das Bordeaux – 156
Stephan von Neipperg aus Schwaigern besitzt fünf Weingüter in Frankreich

Liebe auf den ersten Blick in Fitou – 157
Nikolaus und Carolin Bantlin haben sich als Quereinsteiger einen Traum erfüllt

Eine württembergische Weinkönigin hält Hof in der Provence – 158
Ilse Rieder-Eberbach aus Lauffen hat ein Weingut bei Saint-Tropez aufgebaut

Ein Anwalt für den perfekten Rotwein – 159
Der gebürtige Reutlinger Horst Hummel setzt in Ungarn seinen Traum in die Tat um

Pionierleistung in Spaniens Süden – 160
Friedrich Schatz ist von Korb nach Ronda gezogen

Für Pinot noir ans andere Ende der Welt – 161
Kai Schubert aus Waiblingen macht in Neuseeland Wein

Rauschender Erfolg an den Niagarafällen – 162
Der Uhlbacher Herbert Konzelmann fand seinen Platz in Kanada

Quellennachweis – 166

1 Treffpunkt Frische im Karstadt
2 Besen 66 (Milan Benadik)
3 Weinhaus Stetter
4 Weinhandlung Kreis
5 Weingut Wöhrwag
6 Weinmanufaktur Untertürkheim
7 Weingut Warth
  (Klaus Dieter Warth)
8 Collegium Wirtemberg
9 Weingut Diehl
10 Wein- und Sektgut Christel Currle
11 Weingärtnergenossenschaft
   Rohracker
12 Weingärtnergenossenschaft
   Hedelfingen
13 Tilmann Ruoff (Weinbau und
   Besenwirtschaft)
14 Weingut und Besenwirtschaft
   Wöhrwag (Inhaber Karl Wöhrwag)
15 Weingut Zaiß
16 Weingut Stadt Stuttgart
17 Weingut Frank J. Haller
18 Weingärtner Bad Cannstatt
19 Rux Wein (Heike Ruck)
20 Weinbau Knobloch-Wolfrum
21 Schailes Besen
22 Weingut Gerhard Aldinger
   (Inhaber Gert Aldinger)
23 Weingut Rainer Schnaitmann
24 Fellbacher Weingärtner
25 Weingut Heid
26 Rewe Aupperle
27 Remstal-Markt Mack
28 Weingut Klopfer
29 Weingut Siglinger
30 Gebauers E-Frische Center
31 Weingut Karl Haidle
32 Weingut Medinger
33 Weingut Albrecht Schwegler
34 Weingut Friedrich Zimmerle
35 Weingut Herzog von Württemberg
36 Weinhandlung Bronner
37 Weinbau Hermann und
   Christian Gugel
38 Helmut Dolde
39 Manufaktur Jörg Geiger
40 Weingut Jürgen Ellwanger
41 Kessler Sekt GmbH & Co. KG
42 Weingut Robert Bauer

Vorwort

Der württembergische Wein ist ins Gerede gekommen. Endlich. Denn während in den vergangenen Jahrzehnten weltweit das Geschäft mit den guten Tropfen boomte, hockten die Württemberger Wengerter lange Jahre wortkarg in ihrer bodenständigen Nische wie der ewig bruddelnde Herr Häberle hinterm Trollinger im Henkelglas.

Das hat sich geändert – in zweifacher Hinsicht.

In Württemberg und der Region Stuttgart bauen immer mehr selbst- und qualitätsbewusste Wengerter preisgekrönte Spitzenweine an. Die Altmeister und die Jungstars dieser vinologischen Offensive, die mittlerweile auch die Genossenschaften erfasst hat, werden in diesem Buch in Wort und Bild kenntnisreich porträtiert. Sie verkörpern das, was viele Unternehmer in dieser wirtschaftsstarken Region auszeichnet: Sie kennen ihre Wurzeln und sind dennoch Neuem aufgeschlossen; sie sind bodenständig und trotzdem experimentierfreudig; sie verstehen ihr Handwerk und lernen Tag für Tag dazu; sie arbeiten zusammen und haben doch ihre Eigenarten. In diesem Buch lernen Sie sie kennen.

Und zweitens – was in einem Landstrich, in dem der Spruch „Net gschimpft isch gnug globt" nach wie vor gilt, noch bemerkenswerter ist: Die neuen stolzen Weinmacher an Rems und Neckar reden über sich, ihre Produkte und ihre Philosophie. Und über sie wird geredet – von Weinhändlern, von denen es in und um Stuttgart bemerkenswerte Exemplare gibt, die in diesem Buch vorgestellt werden, in internationalen Expertenkreisen und von hiesigen Weinliebhabern. Weinliebhaber – das sind auch Kathrin Haasis und ihre Mitautoren Harald Beck und Holger Gayer, die seit Jahren die wöchentlich erscheinende Weinkolumne „Lesestoff" in der Stuttgarter Zeitung befüllen mit ihren flüssigen Entdeckungen aus dem Stuttgarter Raum, aus dem Remstal und dem Unterland. In diesem Buch nehmen sie die Leserin und den Leser mit zu einer vom Fotografen Martin Stollberg reich und einzigartig bebilderten „Weintour der Region", in der Traditionelles und Neues, Edles und Kurioses, Hiesiges und Internationales zu einer neuen, ganz speziellen Cuvée „Württemberger Weinlese" verschmelzen – auch ein Spitzenprodukt der boomenden Weinregion Stuttgart.

Thomas Durchdenwald
Ressortleiter Lokales/Region Stuttgart
Stuttgarter Zeitung

Thomas Durchdenwald vor
seiner Heimatstadt Esslingen

WIE DER WÜRTTEMBERGER ZU SEINEM WEIN KAM

Nicht die Römer, sondern die Mönche haben den Weinbau nach Württemberg gebracht. Das Weintrinken allerdings lernten die Schwaben tatsächlich von ihren einstigen Besatzern. Schon damals wurde Wein aus Südeuropa importiert.

Die Geschichte ist zu schön, um wahr zu sein: „In Lauffen lernte der Weinbau laufen", verkünden die dortigen Weingärtner immer wieder gerne. Seit bei Ausgrabungen auf einem römischen Gutshof im Neckartal Traubenkerne und ein Messer entdeckt wurden, sind die genossenschaftlich organisierten Weingärtner eben überzeugt davon, dass die Römer vor rund 2000 Jahren den Weinbau nach Württemberg brachten. Die Wurzeln des württembergischen Weinbaus im italienischen Stiefel zu verorten, ist ein schöner Gedanke. Die Römer als Botschafter des guten Geschmacks machen mehr her als die tatsächliche Geschichte. Aber leider lässt sich diese anschauliche Ahnengalerie nicht aufrechterhalten. Denn anders als in Rheinland-Pfalz sind die Archäologen in Württemberg nicht auf römische Kelteranlagen gestoßen. Der in Lauffen aufgetauchte Trau-

benkern stammt vermutlich von importiertem Obst, und das Messer war wohl eher beim Baum- als beim Rebenschnitt im Einsatz.

Den Mangel an Beweisen für Weinbau in der Antike kann man auch „nicht unbedingt dem Zufall zuschreiben", stellt Markus Reuter klar. Schließlich sei an den bekannten römischen Siedlungsstellen viel und oft gegraben worden. Der Historiker war wissenschaftlicher Referent für die im Oktober 2005 eröffnete Ausstellung „Imperium Romanum" im Archäologischen Landesmuseum. Nach heutigem Kenntnisstand gibt es seiner Meinung nach „allenfalls vage Indizien, aber keinen sicheren archäologischen Beleg für römischen Weinbau in Baden-Württemberg". Raban Graf Adelmann notierte schon 1962 in seinem Aufsatz „Die Geschichte des württembergischen Weinbaus" mit einigem Bedauern, dass die These mit den römischen Wurzeln für den schwäbischen Weinbau keine Grundlage hat. „Der römische Markt-

Der Name Wirtemberg schreibt sich vom Wirt am Berg – Ein Wirtemberger ohne Wein, kann der ein Wirtemberger sein?

FRIEDRICH VON SCHILLER

Wasserstraße und Kulturlandschaft: Der Neckar schafft gutes Klima für den Weinanbau – hier bei Lauffen

flecken Cannstatt vermachte zwar der Nachwelt manche Denkmale aus römischer Zeit, unter anderem ein Kriegerdenkmal mit dem Gerippe des zum ersten Male auftretenden Dackels, aber leider keine Amphore mit dem Hinweis, dass sie einst mit dem heute so berühmten Cannstatter Zuckerle gefüllt war", schreibt der Graf.

Wein aus dem Süden für den Norden

Die in Rheinland-Pfalz entdeckten Kelteranlagen verraten außerdem, dass dort erst vom dritten Jahrhundert nach Christus an Wein produziert worden ist. Zu diesem Zeitpunkt hatten die Römer das heutige Baden-Württemberg jedoch längst wieder verlassen. In den Jahren zuvor hatte Kaiser Domitian in seinem Reich den Anbau von Reben untersagt: Ende des ersten Jahrhunderts verbot er, in Italien neue Weinberge anzulegen, und befahl, Weinberge in den Provinzen niederzuhauen und höchstens die Hälfte übrig zu lassen. Damit reagierte er auf die Entwicklung, dass eifrig Wein produziert worden war, während gleichzeitig das Getreide knapp wurde. Erst 200 Jahre später hob einer seiner Nachfolger namens Probus diesen Erlass auf – aber da gehörten Baden und Württemberg nicht mehr zum Römischen Reich. Dass hinter dem Anbau-Verbot „auch massive wirtschaftliche Interessen der mediterranen Weinbauproduzenten sowie der Weingroßhändler gestanden haben, kann als sicher gelten", schreibt Markus Reuter. Diese verdienten offenbar gut an ihrem Monopol, die Bewohner im Nordosten des Imperium Romanum mit dem Wein aus dem Süden zu versorgen.

Immerhin bleiben die Römer als Botschafter des guten Geschmacks den Weingärtnern zumindest insofern erhalten, als sie die Württemberger mit dem Wein bekannt machten. „Als ab dem Jahr 15 vor Christus römische Truppen nach Süddeutschland vordrangen, nahm die importierte Weinmenge in kurzer Zeit erheblich zu", schreibt der Römer-Experte Reuter. Man darf es mit der Euphorie aber nicht übertreiben, denn Tatsache ist, dass die Einheimischen am liebsten Bier tranken, das auch wesentlich billiger war als Wein. Dennoch lassen laut Markus Reuter „die bei Ausgrabungen meist zahlreich gefundenen Amphorenscherben auf erheblichen Weinkonsum schließen". Die Tonkrüge sowie Fässer wurden mit Schiffen aus Frankreich oder Spanien eingeführt. An Mosel und Ahr blühte derweil nach dem Erlass des Kaisers Probus die Rebkultur auf. Aber Württemberg, das sich die Alamannen Mitte des dritten Jahrhunderts nach Christus unter den Nagel gerissen haben, blieb in dieser Hinsicht vorerst auf dem Trockenen sitzen. Die neuen Besatzer bevorzugten Met.

Das Christentum fördert die Weinkultur

Die Württemberger lernten „mit größter Wahrscheinlichkeit den Weinbau erstmals durch den großen Lehrmeister des frühen Mittelalters, die Klöster, die im achten Jahrhundert in den noch wilden Neckarraum vorstießen, kennen", vermutet Raban Graf Adelmann. „Mit Eifer" habe die Kirche die Einführung und Verbreitung der Rebkultur betrieben, weil sie den Wein für ihre kultischen Zwecke benötigte, schreibt auch der Tübinger Dozent Karl-Heinz Schröder in seinem Buch Weinbau und Siedlung in Württemberg. Er führt die Legende von St. Urban an, dem Schutzpatron der württembergischen Weingärtner: In der Nähe von Cannstatt hat der Heilige angeblich eine Wallfahrtskirche gegründet und dort seine Gemeinde nach den Gottesdiensten die Pflege der Rebe und die Bereitung des Weines gelehrt.

Und der Neckar blau vorüberziehend
In dem Gold der Abendsonne glühend
Ist dem Späher Himmelslust.
Und den Wein, des siechen Wanderers leben,
wachsen sehn an mütterlichen Reben
ist Entzücken für des Dichters Brust.
CHRISTIAN FRIEDR. DANIEL SCHUBART

Im Unterland soll sich besonders das Kloster Würzburg für den Weinbau starkgemacht haben. Und mit den verwaltungstüchtigen Franken und der damit verbundenen systematischen Christianisierung kam

Stadt zwischen Wald und Reben: Blick über die Neue Weinsteige in den Stuttgarter Kessel

der Weinbau in Württemberg dann ans Licht der Geschichte: Die erste urkundliche Erwähnung desselben stammt aus dem Jahr 766 und aus der Gemeinde Böckingen bei Heilbronn. Hoch einzuschätzen sei aber auch das Wirken der weltlichen Kräfte, schreibt Karl-Heinz Schröder. Besonders hervorgehoben zu werden, verdient seiner Meinung nach „das aktive Interesse der Staufer, die den Weinbau in ihren schwäbischen Stammlanden ausbreiteten, ihn durch strenge Gesetze schützten und in den besten Weingegenden Württembergs, im Neckar-, Rems- und Enztal sowie im Zabergäu über eigene Güter verfügten".
In Stuttgart lässt sich der Weinbau erst mit einer Urkunde aus dem 12. Jahrhundert belegen, als ein Kleriker namens Ulricus dem Kloster Blaubeuren „vineas in Stutgarten" vermachte. Immer weiter breitete sich der Weinbau in Württemberg aus. Es war offensichtlich ein so gutes Geschäft, dass auch die Ulmer und die Balinger auf der rauen Alb ihr Glück damit versuchten. Zwischen dem 13. Jahrhundert und dem Dreißigjährigen Krieg soll der Südwesten zum größten Weinerzeuger Deutschlands aufgestiegen sein.

Im 16. Jahrhundert wurden in Württemberg auf rund 40 000 Hektar Reben angepflanzt – dem Vierfachen der heutigen Rebfläche. Allein in Stuttgart wuchsen auf 1200 Hektar Reben. Damit wies die Hauptstadt Württembergs nach Wien und Würzburg im Deutschen Reich die drittgrößte Rebfläche aller Städte aus. Ähnlich wie sein römischer Kollege Domitian untersagte dann Herzog Christoph 1554 aus Sorge um die Versorgung der Bevölkerung mit Nahrungsmitteln das Pflanzen von neuen Rebzeilen außer in „ungeschlachter Wildnis".

Das Volk trinkt den Wein literweise

Die Württemberger hatten ordentlich Durst: Im Jahr sollen sie damals 150 Liter Wein und mehr pro Kopf weggetrunken haben. Wein wurde im Mittelalter zum Volksgetränk, ohne Wein wurde kein Geschäft abgeschlossen, keine Ratssitzung abgehalten. Zwischen dem Herbst 1539 und dem ersten Sonntag der folgenden Fastenzeit sind in Württemberg wohl 400 Personen beim Zechen ums Leben gekommen. Besonders heftig gesoffen wurde in den Reichsstädten, den Klöstern, den Universitäten und am Fürstenhof. Riesenfässer wurden in dieser Zeit gebaut, darunter das Tübinger Buch, das sich Herzog Ulrich von Württemberg 1548 herstellen ließ und das 84 000 Liter fasste. Spätestens zu Beginn des 16. Jahrhunderts wurde der Wein zum wichtigsten Exportgut des Herzogtums, berichtet Karl-Heinz Schröder. Auch für die Reichsstädte Heilbronn und Esslingen war der Rebensaft von vitaler Bedeutung. „Neckarwein – Schleckerwein, so hieß es einmal, und so gingen Neckarweine mit dem Schiff nach Norden, vornehmlich nach den Niederlanden und England und auch die Donau abwärts nach Wien", schreibt der Lokalpatriot Raban Graf Adelmann.

Die Historikerin Christine Krämer kommt in ihrer Dissertation über Rebsorten in Württemberg allerdings zu der Erkenntnis, dass bis zum 13. Jahrhundert zwar ein prima Klima für den Weinbau in Württemberg herrschte, doch danach trudelte die Region in ihre erste Absatzkrise. Rheinwein, Mainwein, Elsässer und Breisgauer waren jetzt unter anderen im Schwabenland zu haben – und die ausländischen Tropfen schmeckten einfach besser als die einheimischen. Legendär ist die Geschichte eines Reutlinger Söldners, der in Neapel ein noch nie da gewesenes Geschmackserlebnis mit Wein hatte. Der Mann fragte den Wirt, was für einen Saft er da bekommen habe, und der Italiener antwortete: „Es sind Gottes Tränen." So heißt der Wein aus der Gegend um den Vesuv. Da schaute der Schwabe verzweifelt gen Himmel und fragte: „O Gott, warum hast du nicht auch in unserem Land geheult?"

Viel mehr Masse als Klasse

Das württembergische Geschäftsmodell ließ leider kaum Qualitätsverbesserungen zu. Vor allem die Grundherren, die Adelshäuser, die Klöster und Spitäler sowie die Amtsträger, die zum Weinhandel berechtigt waren, und die Wirte verdienten mit dem Wein Geld. Das Risiko hatten sie aber auf die Weingärtner ausgelagert, die in erster Linie Traubenproduzenten waren. Aufgrund der erblichen Realteilung verfügten diese meist nur über kleinste Flächen und bauten nebenher noch Getreide und Gemüse an. Weit verbreitet war der Teilbau, die Verpachtung von Weinbergen gegen die Abgabe von großen Teilen des Ertrags. Um dies zu kontrollieren, galt der Kelterbann, der erst 1813 aufgehoben wurde: Nur die adeligen und geistlichen Herren durften Keltern betreiben, und dort mussten alle Trauben abgegeben werden. Händler und Wirte kauften den restlichen Most auf. Die Wengerter setzten sicherheitshalber auf Massenträger, meist im Mischsatz, alle möglichen Rebsorten in einer Reihe durcheinander, weil dadurch der Ertrag höher und die Gefahr einer Missernte geringer wurde. Und sie lasen die Trauben zu früh, um sicherzugehen, dass nichts verfaulte.

Das Muster zieht sich mit kleinen Schwankungen bis in die nicht allzu weit entfernte Vergangenheit durch: Der Württemberger Wein blieb auf bescheidenem Niveau, zumeist aus den weißen Sorten Heunisch und Elbling gewonnen, galt er gemeinhin als sauer, dünn, leicht verderblich und kaum lagerfähig. Als vermehrt

Seliges Land!
Kein Hügel in dir
wächst ohne den Weinstock.
FRIEDRICH HÖLDERLIN

Sehr gepflegt: Stäffele an der Hedelfinger Pfaffenklinge

17

Reingeschmeckt: der Trollinger

Er gilt als Nationalgetränk der Schwaben. Dabei ist der Trollinger das, was die Einheimischen für gewöhnlich leicht abschätzig als reingeschmeckt abtun – wie im Übrigen auch alle anderen hier wachsenden Sorten. „Welche Sorten sind dann in unserm Vatterland einheimisch? Von keiner Sorte wird man behaupten können, sie seye von jeher bey uns gepflanzt worden", wusste der Rebhändler Johann Michael Sommer Mitte des 18. Jahrhunderts.

Wo genau der Trollinger herkommt und wann er im Schwabenland landete, ist heftig umstritten. Klar ist jedenfalls, dass sich das Wort Trollinger von Tirol ableitet, und klar ist außerdem, dass dort eine genetisch identische Traube namens Vernatsch oder Schiava wächst. Nun behaupten die einen, der Trollinger sei im 16. Jahrhundert nach Württemberg gebracht worden, was durch eine Zollurkunde bewiesen werde. Die Historikerin Christine Krämer ist dagegen der Meinung, der Trollinger weile schon ein Weilchen länger im Land – unter dem Namen Welscher. Und sie ist überzeugt, der Trollinger sei kein Tiroler, sondern im frühen Mittelalter mit slawischen Siedlern aus Osteuropa in die Regionen Friaul, Venetien und Lombardei gelangt. Erst 400 Jahre später soll die Traube den Namen Trollinger erhalten haben, als der Vernatsch in Tirol schwer im Trend lag. Noch heute ist Trollinger die rote Hauptsorte Württembergs, mehr als ein Fünftel der Rebfläche sind damit bepflanzt, oft die besten Lagen. Dabei war er schon früh heftiger Kritik ausgesetzt. So schreiben Lambert von Babo und Johann Metzger in ihrer 1836 erschienenen Ampelografie über Wein- und Tafeltrauben, der Trollinger habe „etwas Rauhes und Unangenehmes" an sich. Man dürfe mit Recht behaupten, „dass das allzu häufige Anpflanzen dieser Rebe dem Rufe des vaterländischen Weines einen empfindlichen Stoss gegeben hat".

Dagegen ist der heute beliebteste Weißwein der Württemberger als edles Gewächs anerkannt und ebenfalls ein Reingeschmeckter: Der Riesling wurde im 19. Jahrhundert am Neckar heimisch, er stammt aus dem Rheintal. Heute beansprucht er 18 Prozent der Rebfläche für sich. Zum Importschlager aus Österreich mauserte sich der Lemberger, der seit etwa 1860 die hiesigen Weinberge bereichert und fast 14 Prozent der Fläche belegt. In ihrer Heimat firmiert die Rebe als Blaufränkisch. An dritter Stelle steht mit 15 Prozent der Schwarzriesling, der in Frankreich Pinot Meunier heißt und dort vor allem für den Champagner verwendet wird. Auf elf Prozent hat sich der Spätburgunder gesteigert. Die restlichen Sorten Kerner, Müller-Thurgau, Samtrot und Dornfelder kommen auf jeweils rund drei Prozent. Auf das ganze Anbaugebiet bezogen noch Nischengewächse, doch bei den Spitzenwinzern immer stärker vertreten sind internationale Sorten wie Sauvignon blanc und Chardonnay, Cabernet Sauvignon, Cabernet Franc und Merlot oder Syrah.

Württemberg ist nach Rheinhessen (fast 26 500 Hektar), der Pfalz (rund 23 500 Hektar) und Baden (knapp 16 000 Hektar) mit rund 11 000 Hektar das viertgrößte Weinanbaugebiet Deutschlands (gut 100 000 Hektar) – und von allen das einzige, das mehr Rotwein als Weißwein produziert. Der Rotweinanteil liegt bei mehr als 70 Prozent.

edlere Weine aus Oberitalien auf den Märkten zu haben waren und die roten Burgunder in Mode kamen, pflanzten die schlauen Schwaben ein paar neue Stöcke mit roten Trauben in ihre Reihen oder färbten den Wein mit Holundersaft. Doch wer es sich leisten konnte, trank ausländische Tropfen. Immerhin wurde dadurch der Heunisch durch edlere, rote Sorten wie Clevner (Burgunder) und Traminer verdrängt. Ein Pfarrer in Flein bei Heilbronn war 1565 aber der Meinung, dass die Weine aus seiner Stadt genauso gut seien wie die italienischen und griechischen. In Flein wachse Wein, der den fremden an Güte, Lieblichkeit, Stärke, Geruch und Geschmack ebenbürtig sei, schrieb er laut Christine Krämer. Der Schriftsteller Johann Fischart lobte 1575 den Neckarwein als „göttlichen Trank Leidvergeß", den die Menschen in diesen Zeiten bitter nötig hatten.

Einfuhrverbot für Wein

Im Dreißigjährigen Krieg von 1618 bis 1648 wurde Württemberg völlig verwüstet. Nur ein Drittel der Bevölkerung überlebte die Schlachten und eine darauf folgende Pestepidemie. Damit endete auch die Hochphase des Weinbaus in Württemberg und die Anbaufläche ging fast um die Hälfte zurück. Die Weingärtner setzten danach wieder verstärkt auf Sorten, die Masse machten, wie Putzschere, Tokaier und Unger. So schlecht schmeckte der Neckarwein, dass die ärmeren Schwaben lieber Bier und Most tranken und die reicheren lieber ausländische Tropfen. Daraufhin erließ die Obrigkeit kurzerhand ein Einfuhrverbot für fremden Wein; den eigenen wurde man im Ausland mangels Handelspartner und Qualität sowieso nicht mehr los. In zunehmendem Maße sind laut Karl-Heinz Schröder gewisse Verfälschungsmethoden üblich geworden, etwa das Vermischen des Weins mit Most oder Branntwein. Später kam noch das Schönen mit Blei- und Silberglätte auf, worauf die Todesstrafe stand, weil damit die Gesundheit der Trinker gefährdet wurde.

„Die Folgen dieser Entwicklung waren nicht nur verheerend, sondern in ihrer Wirkung so langfristig, dass sie für den Weinbau bis in das 19. Jahrhundert hinein bestimmend bleiben", schreibt Christine Krämer über die Auswirkungen des Dreißigjährigen Krieges. Noch 1791 schimpfte der Rebzüchter Johann Michael Sommer, dass in der Champagne ein ähnliches Klima wie in Württemberg herrsche, dennoch sei der Wein der Franzosen viel besser. „Wo mag wohl die Ursache liegen? Gewiß nirgends, als in ihrem grösseren Fleiß, den sie auf die Wartung des Weins am Stock und im Keller verwenden, auch darinnen, daß sie bey dem Bau des Weinstocks mehr auf die Güte als auf die Menge des Weins Bedacht nehmen", befand er.

Immerhin erkannten die Herrscher, dass der Weinabsatz nur über eine höhere Qualität gesteigert werden konnte. Herzog Carl Eugen ließ Mitte des 18. Jahrhunderts Gutachten über den Weinanbau anfertigen und förderte Studien an der Hohen Karlsschule auf der Solitude, wo neuerdings das Fach Weinanbau unterrichtet wurde. Privatleute ergriffen die Initiative, wie der Geheimrat Georg Bernhard Bilfinger, der eine große Rebsammlung anlegte, aus der er an Weingärtner Pflanzen abgab, um die Verbreitung von hochwertigeren Sorten zu fördern. Die Regierung König Friedrichs I. (1806 bis 1816) versuchte mit Verboten und Bußgeldandrohungen den Lesezeitpunkt zu steuern. „Unter Wilhelm I. wurde die Verbesserung des Weinbaus zur vorrangigen Staatsaufgabe", schreibt Christine Krämer über die folgende Phase bis 1864. Für das arme Württemberg war dieser Wirtschaftszweig nicht zu vernachlässigen. Damals wurden auf 27 000 Hektar Reben angebaut, Menschen in rund 600 Gemeinden lebten vom Wein. Aber die Verarbeitungsmethoden waren offenbar äußerst mangelhaft. 1837 kritisierte ein Hofkameralverwalter, dass die Trauben noch mit Füßen ausgetreten wurden, statt eine Raspel zum Pressen zu verwenden. „Es muss jeden ordnungsliebenden Menschen empören, wenn er sieht,

Zwischen Tradition und Moderne: Reiter mit Handy unterhalb vom Haberschlachter Heuchelberg

Vor der Eisweinlese in den Weinbergen bei Stetten: Dafür muss es mindestens -8 Grad Celsius haben

wie die Buben ihre Stiefel kaum mehr vor Koth fortbringen und so in den Zuber stehen und eines der edelsten Gewächse mit Koth überzogenen Füßen treten", schimpfte er.

Eine Schule für den Weinbau

In der Hofkammer sorgte der König selbst dafür, dass die Weinbereitung sich an bestimmte Standards hielt: Rote und weiße Trauben wurden dort seit 1822 getrennt behandelt und teilweise nach Lagen unterschieden. Mit der Zustimmung Wilhelms gründete der Hofdomänenrat Carl Christoph Gok die Gesellschaft für die Weinverbesserung. Die Ausgabe von Rebpflanzen, die Anlage von Musterweinbergen, Geldprämien für die vorbildliche Pflege der Reben sowie regelmäßige Veröffentlichungen zählten zu den Maßnahmen der Vereinigung. 1868 öffnete die königliche Weinbauschule in Weinsberg ihre Tore – die erste in Deutschland. Der Kameralverwalter Immanuel Dornfeld hatte die Einrichtung der Schule vorgeschlagen, da die Gesellschaft für die Weinver-

besserung ihre Ziele nicht erreicht hatte. „Die Hilfe und Förderung, die von Weinsberg aus auf allen Gebieten des Weinbaus und der Weinbehandlung dem bedrohten Weingärtnerstand zuteilwurden, kann gar nicht hoch genug eingeschätzt werden", lobt Raban Graf Adelmann.

Tragischerweise brachte aber erst die zerstörerische Kraft der aus Amerika eingeschleppten Reblaus den Umbruch für den Weinbau in Württemberg: 1875 und 1878 wurden erstmals in Stuttgart und Cannstatt kleinere Kolonien des wurzelschädigenden Tierchens entdeckt, das eine Pflanze innerhalb von drei Jahren zugrunde richtet. Es ließ sich nur dadurch ausrotten, indem die europäischen Reben auf die widerstandsfähigen Wurzeln amerikanischer Reben aufgepfropft wurden. Dem Pfropfen fielen dann wiederum viele unbeliebte Sorten zum Opfer – von mehreren 100, die vor 1900 in Deutschland verbreitet waren, blieben gerade zwei Dutzend übrig. Alle Weinberge mussten entweder neu angelegt oder ausgestockt werden. Noch einmal gingen große Teile der Anbaufläche verloren, was allerdings auch an der fortschreitenden

Industrialisierung und dem wachsenden Wohnbau lag, wie etwa auf den Markungen Stuttgart und Heilbronn. Die für die Rebkultur klimatisch günstigsten Landschaften wurden ausgewählt. Etwa seit 1920 ist die Größe des Anbaugebiets mit 11 500 Hektar nun recht konstant. Entlang des Neckars und seiner Nebenflüsse Rems, Enz, Kocher, Jagst und Tauber sowie am württembergischen Ufer des Bodensees wachsen die Reben. Herzstück des Anbaugebiets ist das Unterland am mittleren Neckar, wo auf mehr als 9000 Hektar Reben stehen. Im Bereich Remstal-Stuttgart sind es 1800 Hektar.

Demokratie im Weinberg

Dass sich Württemberg als Weinbauregion – im Gegensatz zum Moseltal oder zum Rheingau – über all die Jahrhunderte hinweg keinen herausragenden Ruf erarbeiten konnte und hierzulande kaum überdurchschnittliche Weine produziert wurden, liegt nicht an den klimatischen Bedingungen, sondern an diesen kleinteiligen Strukturen. Die traditionelle Arbeitsteilung zwischen Traubenproduzenten und Weinmachern hat diesbezüglich den Fortschritt verhindert. Während andernorts zunächst die Klöster für ein gewisses Qualitätsniveau beim Anbau und im Keller sorgten und schließlich Adlige und reiche Bürger in die Weinproduktion einstiegen, fehlten in Württemberg solche Großbetriebe. Die geistliche Obrigkeit und die Feudalherren verpachteten ihre Weinberge lieber und reklamierten dann im Herbst den Most für sich. Noch im 19. Jahrhundert bauten nur ein paar Dutzend aristokratische oder bürgerliche Weingüter hochwertige Sorten an, die erst die Grundlage für hochwertigere Weine bilden konnten.

Andererseits hatten die herrschenden Strukturen eine Art demokratischen Effekt: Weil es kaum Spitzenweine gab, kam in Württemberg auch die Masse in den Genuss des vergorenen Traubensafts, viel mehr als dies andernorts üblich war. Außerdem erreichte es der Weingärtnerstand zunehmend, das Eigentums-

monopol der Grundherren zu untergraben und die Weinberge in Besitz zu nehmen. Die kleinteiligen Besitzstrukturen bildeten die Grundlage für die Gründung der Genossenschaften. Von den derzeit rund 5800 württembergischen Weinbaubetrieben bewirtschaften nach wie vor nur 100 eine mehr als fünf Hektar große Fläche. In Württemberg gibt es mehr als 50 Genossenschaften, die zusammen etwa 80 Prozent des schwäbischen Weins vermarkten. Die meisten selbstständigen Weingüter entstanden erst im 20. Jahrhundert, dessen letzte 20 Jahre wiederum von einer rasanten Aufholjagd in Sachen Weinqualität geprägt waren. Raban Graf Adelmann war sich bereits 1962 sicher: „Der Wein, der in unserer gehetzten Zeit so sehr zum Ausgleich beitragen kann, wird uns als edles Kulturprodukt, als belebendes Gesellschaftselement und als Geschenk der Gottesliebe mit unserer aller Hilfe auch in Zukunft erfreuen."

Herrlich steht sie und hält
Den Rebensaft und die Tanne
Hoch in die seligen
Purpurnen Wolken empor.
Sei uns hold! Dem Gast und
dem Sohn, o Fürstin der Heimat!
Glückliches Stuttgart,
nimm freundlich den Fremdling mir auf!
FRIEDRICH HÖLDERLIN

Schwäbische Dorfidylle
in Strümpfelbach

SCHWÄBISCHE EIGENARTEN

Wengerter heißt der Winzer hierzulande. Aber das bedeutet nicht, dass er altmodisch ist. Die meisten gehören einer Genossenschaft an. Und bei allen steht der Wein im Mittelpunkt. Dazu passt, dass der Nabel der Region Stuttgart ausgerechnet ein Weinberghäusle ist.

Aufstand der Wengerter

Der Schwabe liebt ihn, der Rest der Welt hat die Nase darüber gerümpft.
Dem württembergischen Wein haftete lange Zeit ein Geschmäckle an.
Mittlerweile bietet das Anbaugebiet viel mehr als nur Trollinger. Württemberg
machte einen radikalen Wandel durch. Die Weinbauregion erlebt seit 20 Jahren
eine ständige Qualitätssteigerung – und ein Ende ist nicht in Sicht.

VON KATHRIN HAASIS

Sie sind schon ein spezielles Völkchen, die württembergischen Weingärtner. Wengerter lautet ihre korrekte Berufsbezeichnung, und darauf legen so manche Schwaben offensichtlich noch viel Wert. Denn statt Weinberg sagen die Württemberger eben Wengert, ihre Art das Wort Weingarten auszusprechen. Als das Stuttgarter Mineralbad Leuze 2010 einen neuen Schwitzkasten eröffnete und ihn Winzer-Sauna nannte wegen der Aussicht durch ein Panoramafenster bis hinüber zu den Weinbergen bei Untertürkheim und Rotenberg, gingen prompt Beschwerden beim Stuttgarter Stadtrat und Wengerter Konrad Zaiß ein. „Ob man den Begriff Wengerter oder Winzer verwendet, ist für mich eine Frage der Identität", kritisierte er im Gemeinderat den neuen Sauna-Namen in dem städtischen Betrieb. Mit der lapidaren deutschen Bezeichnung Winzer übernehme das Leuze einen Allerweltsbegriff, anstatt das Einmalige und Charakteristische in Stuttgart hervorzuheben, betonte Konrad Zaiß.

Die städtischen Marketing-Spezialisten ließen sich aber nicht beirren. Mit dem Namen Wengerter-Sauna könne man nicht werben, lautete ihre Antwort auf die Kritik, das Wort gehe einem nicht über die Lippen. Und ein Norddeutscher könne damit erst recht nichts anfangen. Tatsächlich ist es wohl auch so, dass die meisten Wengerter sich nicht als spezifisch schwäbische Weingärtner fühlen, sondern als Winzer wie alle anderen Kollegen im restlichen Deutschland auch. Das gilt besonders für die nächste Generation, die in Weinsberg gelernt, an der Fachhochschule in Geisenheim studiert und weltweit Praktika absolviert hat. Wengerter? Klingt viel zu verstaubt und passt gar nicht mehr zu dem in den vergangenen zwanzig Jahren so dynamischen Anbaugebiet Württemberg.

Der Wandel muss eben hart erkämpft werden. 1996 tobten in Württemberg noch heftigere Glaubenskriege als der Disput um die Winzer-Sauna. Damals hatten die Grünen zu einer Anhörung in den Landtag geladen: Die Zukunft des Weinbaus stand zur Diskussion. „Die Mehrheit der anwesenden Wengerter sah die Trollinger-Republik in Gefahr", stand über das Treffen in der Zeitung. Denn ihr Bönnigheimer Kollege Ernst Dautel und der Sommelier und Weinhändler Bernd Kreis schenkten ihnen reinen Wein ein. Mit dem Trollinger lasse sich kein Staat machen, sagten sie. Er sei ein dünnes, rötliches Getränk außerhalb jeglicher Konkurrenz. Dass ausgerechnet diese Rebe die allerbesten Lagen besetzte, hielten sie für eine Verschwendung. Spätburgunder oder Lemberger wären dort besser aufgehoben. „Wir brauchen mehr Spitzenweine", sagte Bernd Kreis damals – und galt als Nestbeschmutzer.

Wer bei ons nix trenkt,
der isch bloß z'faul zum Schlucka.
THEODOR HEUSS

In Württemberg herrschten noch im 20. Jahrhundert ganz besondere Bedingungen für den Weinbau. Vereinzelt wurde zwar schon länger auf Qualität geachtet, aber die große Mehrheit der Wengerter schaute in den 1970er und 1980er Jahren in erster Linie auf den Ertrag: je mehr Trauben am Stock desto besser. Der Trollinger zeigte sich dabei als idealer Verbündeter, selbst in schlechten Jahren schleppten die Wengerter bis zu 300 Liter pro Ar aus ihren Weinbergen. Heute beträgt der Durchschnittsertrag 100 Liter, für die Spitzenweine aus den Spitzenlagen wird die Hälfte davon geerntet. Bei den guten Weingütern sind 60 Liter fast schon der Durchschnitt.

Jenseits des Landes mag der Trollinger den Menschen aufgestoßen sein. Die Schwaben schlotzten ihre Viertele sowieso mit Vorliebe selbst. Denn Absatzprobleme hatten die Weingärtner im vergangenen Jahrhundert nicht mehr. Der einstige Ministerpräsident Lothar Späth erklärte Württemberg in den 1980er Jahren noch zum Zentrum des Weinverstandes. „Die Württemberger haben schon immer gewusst, wie gut ihr eigener Wein ist", sagte er, „deshalb wird er auch nur wenig nach außerhalb exportiert." Beim Weintrinken kämen den Schwaben die besten Exportideen. Und von den Gewinnen der Exporte könnten sie sich dann noch mehr Wein kaufen, was zu noch besseren Ideen führe.

So groß war die Nachfrage zuweilen, dass rationiert wurde: Eine Kiste Trollinger gab es nur gegen den Kauf einer Kiste Riesling. Kein Wunder, dass sich die Wengerter nicht belehren lassen wollten. „Alles ist hier am Ort weggesoffen worden", sagt rückblickend der Weinautor Stuart Pigott und stellt klar: „Ich bestehe auf diesem Verb!" Das viele Geld aus dem wirtschaftsstarken Stuttgart habe statt der Qualität die Bequemlichkeit gefördert. Doch wie überall bleibt auch im Weinbau nichts so gemütlich, wie es war. Heutzutage lassen sich die Württemberger den Wein zur Hälfte aus dem Ausland importieren. Sie gingen auf Reisen und stellten in Frankreich, Italien oder

Die Weinkolumnistin aus Stuttgart: Kathrin Haasis vor dem Kunstmuseum am Schlossplatz

Gutes Motto: Wein schenkt
Freude – trifft in Württemberg
immer häufiger zu

Spanien fest, dass es bessere Tropfen als diesen dünnen Roten gibt. Im Prinzip wiederholten sie damit nur Entwicklungen, die es bereits im Mittelalter gab, als Weine aus Oberitalien und dem Burgund nach Württemberg schwappten. „Ihr mit eurem Trollinger, schaut doch mal, was die in der Toskana machen", haben sich die Wengerter nun anhören müssen. Irgendwann dachten sie: Was die können, können wir auch. Mitte der 1980er Jahre trauten sich die Ersten, fremde Sorten wie Merlot, Zweigelt oder Chardonnay anzubauen und den Saft in französische Eichenfässer namens Barrique zu füllen. Die Pioniere mussten einige Sprüche ertragen. „Des isch a Mischmasch, des trink i net", verkündete so manch skeptischer Schwabe etwa angesichts der neu aufkommenden Cuvées. Dass sein geliebter TL, der Trollinger-Lemberger, nichts anderes ist oder die Weine aus Bordeaux, in denen im Durchschnitt sieben verschiedene Traubenarten stecken, interessierte ihn dabei nicht.

„In Deutschland hat es insgesamt eine tolle Qualitätsentwicklung gegeben", sagt Bernd Kreis. Der Fellbacher Gert Aldinger, Jürgen Ellwanger in Winterbach, Hans Haidle in Stetten, Ernst Dautel in Bönnigheim, die Grafen Adelmann im Bottwartal und Neipperg im Heilbronner Unterland und Hans-Peter Wöhrwag in Stuttgart-Untertürkheim führten als Erste vor, was in Württemberg steckt. Die dunkelroten, dichten Lemberger, fruchtig und gehaltvollen Spätburgunder, südeuropäisch anmutenden Cuvées und knackige, schlanken Rieslinge kamen bei der Kundschaft an.

Und diese Dynamik erfasste dann viele Betriebe. „Um die Jahrtausendwende hat sich wahnsinnig viel getan", meint Bernd Kreis. Vielerorts kam eine neue Generation ins Geschäft, die über die Zäune des Vorgartens hinausschaute. Der Fellbacher Rainer Schnaitmann zum Beispiel ist ein wahrer Senkrechtstarter: Innerhalb von zehn Jahren kletterte er in allen Weinführern von null an die württembergische Spitze. Beim Deutschen Rotweinpreis sind die Württemberger regelmäßig vertreten. Überhaupt haben die Schwaben beim hochwertigen Rotwein die Nase vorn. Dem Lemberger wird von vielen Weinexperten eine große Zukunft prophezeit. „Vor Jahren waren es zunächst die Rotwein-Cuvées, die die Schlagzeilen bestimmten und auf denen der qualitative Aufstieg Württembergs sich gründete", steht im Gault Millau Wein-Guide 2011 von Joel B. Payne. Später seien dann die Spätburgunder an den roten Mischungen vorbeigezogen. „Nun scheint sich diese Entwicklung auch auf den eigentlichen Rotweinklassiker Württembergs, den Lemberger, auszudehnen." Ein Ende der Qualitätssteigerung ist also noch nicht in Sicht.

Allerdings wird in Württemberg auch weiterhin Wein produziert, den manche Kritiker als Körperverletzung bezeichnen würden: günstige Literware, gekocht und massenhaft abgefüllt. Geschimpft werden die Wengerter in jüngerer Zeit außerdem wegen ihrer wohl mit zunehmendem Selbstbewusstsein gestiegenen Preise und ihrer übermäßigen Liebe zum Barrique. „Es ist uns unverständlich, das gerade die ansonsten so sparsamen Schwaben mit dem teuren neuen Holz so großzügig umgehen", steht etwa im Gault Millau 2012. Gerade Winzer aus der zweiten und dritten Reihe würden einem eigentlich guten Wein dadurch zusetzen. Dafür ist der Trollinger längst nicht mehr so verrufen wie einst. „Er hat einen super Einsatz gefunden", sagt Bernd Kreis. Im Sommer, auf zwölf Grad gekühlt, sei dieser Rotwein unschlagbar. Der ehemalige Sommelier ist inzwischen ebenfalls unter die Produzenten gegangen und baut Wein an. Unter anderem Trollinger.

Vom Leben der Genossen

Brot ist der Erde Frucht, doch ists vom Lichte gesegnet,
Und vom donnernden Gott kommet die Freude des Weins.
Friedrich Hölderlin

VON HOLGER GAYER

Natürlich ist es kein Zufall, dass Reben wachsen im Land der Dichter und Denker. Das Klima ist danach, die Menschen sind es auch, und irgendwie gehören sie ja sowieso zusammen, die Leute und die Umstände. „Du wirsch domm guga, wenn Du gescheid wirsch", spottet der Sohn kurz vor dem 40. Geburtstag seines Vaters. „Ha sag amol, schwätz doch net raus", raunt der Vater zurück. „Komm, gang mr weg", entgegnet der gescholtene Bub. „Voll leer essa sollsch", ruft der zusehends enervierte Vater. „Schrei Du ruhig", antwortet der Sohn und verlässt den Raum.

Willkommen im Land der Schwaben – und ihrer Dialektik. Wo sonst gelingt es jemandem, mit widersinnigen Begriffspaaren auf eine höhere Daseinsebene zu gelangen? Wo sonst lebt das Paradoxon in unbegrenzter Harmonie mit seinem Schöpfer? Wo sonst taucht der individualistische Geist so sehr in der Masse der Anonymen unter? Wo sonst pflanzt der Winzer Trollinger in seine besten Lagen?

Doch der württembergische Wengerter lebt seine innere Zerrissenheit aus, ohne auch nur einmal an einen Therapeuten zu denken. Er braucht keinen Arzt. Er hat seine Weinberge und seine Familie.

Es ist nicht einfach, als Normalsterblicher in so ein Gebilde einzuheiraten. Erst mal ist da nur die Tochter. In der Hinsicht greifen die üblichen biochemischen Prozesse. Dann die Vorstellungsrunde bei den Eltern. Der Sohn eines Bahnhofsvorstehers erscheint auf Freiersfüßen, aber mit leeren Taschen. Er hat keine Hektar, aber Ideale – und einen Plan. Weinberge sind darin nicht vorgesehen.

Und trotzdem kriecht allmählich Vertrauen in ihre Beziehung. Der Wengerter merkt, dass es seinem künftigen Schwiegersohn ernst ist mit der Tochter. Der Alte fragt nie, aber unausgesprochen gibt der Junge ein Versprechen ab. Es hat mit Treue zu tun, doch existiert kein Wortlaut dafür, nur ein Gefühl.

Zwanzig Jahre später hat sich nichts verändert. In Berlin ist die Mauer gefallen und eine Frau Kanzlerin geworden, in Washington hat ein Schwarzer das Weiße Haus bezogen, in Baden-Württemberg regiert der erste Grüne mit einem Roten. In Lauffen baut der Wengerter Schwarzriesling an; er schimpft wie eh und je – am liebsten auf die Genossen, denen er fest verbunden ist.

Niemals würde es ihm einfallen, als Tagelöhner in einem Betrieb zu schaffen. Er will kein Gehalt, das samstags in einer Tüte steckt oder, moderner, am Monatsende auf dem Auszug des Girokontos erscheint. Vor allem aber will er keinen Boss, der ihm sagt, was zu tun ist. Sein Chef residiert eine Etage höher, dort wo das Wetter gemacht wird. Dem ergibt er sich. Alles andere nimmt er voller Leidenschaft selbst in die Hand – das Schneiden im Winter, das Rutenbinden im Frühjahr, die Laubarbeiten rund um Pfingsten bis in den Sommer hinein, die

Er schafft vom ersten Scheine
Der Sonne bis zur Nacht,
trinkt dann im Schlaf vom Weine,
den ihm sein Berg gebracht –
und lässt, erwacht zur Wahrheit,
den lang ersehnten Wein
in seiner Gottesklarheit
dem reichen Trinker sein.
JUSTINUS KERNER

Lese im Herbst. Doch wenn die Beeren reif und frisch
geschnitten auf dem Wagen liegen, bringt er sie fort.
Er entlässt sie in fremde Hände, übergibt sie einem
ungewissen Schicksal. Fast ist's wie ein Trauerzug,
der sich an jedem Herbsttag aufs Neue vom Wengert
weg in Bewegung setzt.

Ein Jahr lang hat er seine Trauben gehegt und gepflegt. Jetzt verabschiedet er sie mit einem prüfen-
den Blick in das Refraktometer. Das Gerät misst den
Zuckergehalt der Beeren. Der ist entscheidend für
die Güte des Leseguts – und des Zahltags. Da ist der
Schwiegervater dann doch ein Lohnempfänger – im
Gegensatz zu den Wengertern, die ihre eigenen, privaten Weingüter betreiben und neben der Arbeit im
Weinberg auch noch jene im Keller zu schultern haben. Darauf angesprochen schweigt der Schwiegervater. Er denkt nach und sagt schließlich, dass man
den Wein auch verkaufen müsse. Das wäre wohl nicht
seine Stärke.

Neulich haben sie miteinander Geburtstag gefeiert,
der Schwiegervater und seine Genossenschaft. 66 Jahre alt ist der Schwiegervater geworden, 75 die Genossenschaft. Zu diesem Anlass hat es ein Jubiläums-
büchlein gegeben, in dem die Geschichte des Ge-
meinwesens referiert wurde.

Also begab es sich am 7. April 1935, dass im Saal des
Gasthauses „Zur Eisenbahn" 165 Lauffener Wengerter zusammenkamen, um eine Weingärtnergenossenschaft mit beschränkter Haftung zu gründen. „Der
Herbst anno 1934 brachte mehr Trauben in die Keller
als lieb war", heißt es in der Festschrift, „und als man
den damals traditionellen Markt der Lauffener Weine – die Wirte im Schwarzwald, im oberen Neckartal und im Oberland – bedient hatte, brach das große
Hauen und Stechen aus." Auf der Suche nach neuen
Kunden hätten sich die Wengerter gegenseitig un-
terboten: „Die Preise wurden gedrückt im Bestreben,
die Fässer zu leeren."

Es heißt, erst Hugo Kehl habe Frieden gestiftet. „Der Direktor der Credit- und Warengenossenschaft Lauffen brachte mit seiner Hartnäckigkeit und nach einer Vielzahl an Gesprächen den Stein ins Rollen", notiert der Chronist, „Zusammenschaffen und -halten war die Devise – dagegen mussten Eigenwilligkeiten ausgeräumt, Rivalitäten überbrückt und Misstrauen abgebaut werden."

Wie gut das gelungen ist, belegen die Zahlen von heute. Im Jahr 2011 stellen die Lauffener die größte Ortswinzergenossenschaft Deutschlands mit mehr als 600 Mitgliedern, etwa 600 Hektar Rebfläche und sechs Millionen Litern Wein. Im Jubiläumsjahr dürfen sich die Lauffener Genossen als größter Schwarzriesling- und größter Samtroterzeuger feiern lassen, zudem sind sie der größte genossenschaftliche Sektvermarkter Deutschlands. Insgesamt zählt das Anbaugebiet Württemberg, das vom Bodensee bis nach Hohenlohe reicht, 55 Weingärtnergenossenschaften mit rund 15 000 Mitgliedern. Gemeinsam repräsentieren sie 75 Prozent des württembergischen Weinbaus. Kein Schwiegervater der Welt hätte das alleine geschafft.

Mit ihrem Zusammenschluss waren die Lauffener Wengerter freilich eher am Ende einer Welle, die bereits Mitte des 19. Jahrhunderts von Neckarsulm und Fellbach aus über Württemberg geschwappt war. Doch auch dort hatten die Wengerter ihre Genossenschaften keineswegs aus Überzeugung ins Leben gerufen, sondern aus der schieren Not heraus. Aus Fellbach, wo 1858 die zweite Weingärtnergenossenschaft Württembergs aus der Taufe gehoben wurde, ist überliefert, dass die Weinberge in den Jahren 1839, 1841 und 1844 unter heftigen Hagelschlägen zu leiden hatten. 1845 setzte sich ein massiver Spätfrost obendrauf. Bis 1854 sind deswegen sowohl die Qualität des Leseguts als auch die Menge der Weinerträge katastrophal gewesen.

„Der Schulmeister, Organist, Chorleiter und Komponist Wilhelm Amandus Auberlen ist 1858 die treibende Kraft bei der Gründung der Fellbacher Weingärt-

nergesellschaft gewesen", stand in der Stuttgarter Zeitung zum 150. Geburtstag der Fellbacher Genossenschaft zu lesen. Schon im ersten Statut, das die Fellbacher Wengerter verabschiedeten, verpflichteten sich die dortigen Genossen auf höchste Güte und legten fest: „Bei der Lese muss mit größter Pünktlichkeit verfahren werden, alle der Qualität nachteiligen Trauben müssen abgesondert werden. Bei unpünktlicher Lese muss sich der Lieferant gefallen lassen, wenn ihm seine Trauben vom Obmann oder der Commission zum Zwecke der Auslese wieder zurückgewiesen werden."

Daran hat sich nichts geändert. Bis heute ist dieser Moment, da an der Traubenpresse ein anderer über die Qualität des eigenen Schaffens urteilt, der spannungsgeladenste im Jahr. Im Herbst kommt der Schwiegervater jeden Abend mit einem Zettel vom Abliefern der Trauben in der Genossenschaft heim. Darauf stehen zwei Zahlen. Die eine quantifiziert die Masse, die andere die Klasse des Leseguts. Zusammengenommen bilden beide Chiffren die Bilanz des Arbeitsjahres. Das ist brutal. Wie einst die Noten im Schulzeugnis, die auch unverrückbar stehen, schwarz auf weiß. Grautöne gibt es nicht.

Wie der Wein wird, der aus des Schwiegervaters Trauben entsteht, weiß nur der Kellermeister. Genossenschaften, zumal so große wie die in Lauffen, müssen ein Angebot vorhalten, das jedem seinen Liebling bietet: den Trollinger-Traditionalisten ihren halbtrockenen Vesperwein, den Schwarzriesling-Fans ihren bezahlbaren Alltagstropfen, den zahlungskräftigen Kennern ihren maischevergorenen Lemberger, der anderthalb Jahre im kleinen Eichenfass lagert, ehe er in den Verkauf gelangt.

Ihre besonderen Tropfen haben die Lauffener Genossen nach schwäbischen Poeten benannt: Hauff, Uhland, Mörike. Der wichtigste heißt Friedrich Hölderlin. Er wurde am 20. März 1770 in Lauffen geboren.

Der Wein kommt in seiner Polarität von herber Säure und fruchtiger Süße dem gegensätzlichen Charakter der Schwaben entgegen.
THADDÄUS TROLL

Ein Wengerterhäusle als Mittelpunkt

Der Nabel der Region Stuttgart liegt natürlich in einem Weinberg

VON HARALD BECK

Was ist das für ein durstig Jahr?
Die Kehle lechzet immerdar,
die Leber dorrt mir ein.
Ich bin ein Fisch auf trocknem Sand,
ich bin ein dürres Ackerland –
oh, schafft mir Wein – schafft Wein.
LUDWIG UHLAND

Rein wirtschaftlich ist es natürlich der markante Markenstern der weltbekannten Karossenschmiede in Untertürkheim, der symbolisch für Stuttgart und die Region rundum steht. Touristisch andererseits sind der Wein und die charakteristischen Wengert-Landschaften an Neckar oder Rems das Pfund, mit dem es sich in der Außenwirkung und für die innere Harmonie der Menschen womöglich noch viel besser wuchern lässt. Was also wäre landschaftlich passender, als ein Nabel der Region, der eben nicht im Motorenwerk oder Managerbüro am Neckar, sondern vielleicht einfach ganz gemütlich irgendwo mitten in einem schwäbischen Wengert im Remstal liegt? Dort wo die Schwaben – nicht nur, aber auch – die Trauben für ihr ganz besonderes Nationalgetränk anbauen, den Trollinger. Dort, wo sie ihre Reben und damit auch ihre Wurzeln haben.

Und, oh Wunder, exakt so ist es tatsächlich, denn rein geografisch ist eben nicht Stuttgart, womöglich sogar der autodurchflutete Talkessel beim Nesenbach, die Mitte der Region. Das Zentrum liegt weiter nordöstlich im Remstal, weitgehend autofrei und mitten in einem Wengert oberhalb des idyllischen Wengerter- und Fachwerkfleckens Strümpfelbach. Ein riesiger Findling weist – leicht südlich der Mitte – auf den direkt zwischen Rebenreihen liegenden Nabel der Region hin. Der Vogelstein, ein Landschaftsmal, das seit der Umlegung der Weinberge in den späten 1960ern

vom Tal aus die Blicke der Landschaftsbewunderer auf sich zieht. Ein genialer Aussichtspunkt andererseits, der von der Mitte der Region aus einen Blick am Korber Kopf vorbei bis weit in die Löwensteiner Berge oder hinüber zum Hohenasperg bietet. Bei klarer Sicht ist in der Ferne schemenhaft der Nordschwarzwald zu sehen und über dem Waldrand im Sattel unterhalb des Stettener Hausbergs Kernen blinkt nachts rot-weiß und als moderne Ergänzung zum romantischen Sternenmeer über den Schurwaldausläufern die Spitze des ansonsten von hier aus unsichtbaren Stuttgarter Fernsehturms.

Der „Späher" hockt ganz leicht östlich vom Zentrum der regionalen Welt hoch oben auf seinem Pfosten und streckt wegweisend seinen Arm in die Gegend. Wohin um Himmels willen die Skulptur denn zeige, wird der Bildhauer, Kunstprofessor und bekennende Strümpfelbacher Karl-Ulrich (Uller) Nuß oft gefragt. Der Figurenkompositeur mit Faible für füllige Körperlichkeit zeichnet maßgeblich verantwortlich für jenen zurecht überregional bekannten Skulpturenpfad, der direkt am Mittelpunkt der Region vorbeiführt. Nein, jener Späher zeigt mit Sicherheit nicht nach Stuttgart, behauptet der Künstler: „Nach Norden, Waiblingen, ins Oberamt vielleicht", sagt Uller Nuß in seiner eigenen, knochentrockenen Art. Aber warum, da möge sich doch bitteschön jeder Betrachter gefälligst seinen eigenen Reim drauf machen – „i kann ja au net emmr danebastanda on älles erklära". Von regionalen Dingen hat der Uller Nuß seine eigene Sicht: Heimat, sagt er zum Thema Mittelpunkt, die sei ihm viel wichtiger als irgend so ein künstliches politisches Regionalgebilde. Und Heimat sei einfach dort „wo mer schwäbisch schwätza ka, on wo mer no woiß, was an Schuabendl isch".

Schwäbisch zumindest verstehen zu wollen, das ist wiederum 70 Meter oberhalb des per Computer vermessenen Kerns der Region quasi Pflicht. Dort nämlich steht das geografisch zentralste Wengerthäusle der Region Stuttgart. Mitnichten gekauft sei das bauliche Kleinod, sagen die Hausherren, sondern selbst gebaut und samt Wengert ganz anständig geerbt, so wie das ja im Schwabenland eigentlich sein muss.

Aus dem Bretterverschlag, der Wolfgang Binders Vater einst in den späten 1920ern tagelang als Zuflucht gedient hat, als sein Name im Zusammenhang mit der möglichen Auswanderung zum Onkel nach Amerika fiel, ist 1972 ein solides, gemauertes Wengerthäusle geworden. Denn Robert Binder durfte damals

zum Glück im Remstal bleiben und Sohn Wolfgang hat dann am Neubau im Wengert mitgebaut. Und seit gut 20 Jahren ist das Wengerthäusle in der Mitte der Region der heimliche Mittelpunkt eines ganzen Architekturbüros. Rundum wächst der eigene Architektenwein – traditionelle Sorten, Silvaner und Portugieser, so haben es die Hausherren Wolfgang Binder und Thomas Auch damals bei der Neuanpflanzung entschieden: „Das ist der Wein, der zu uns passt."

Exakt nach Norden zeigt neben dem Häusle der sogenannte Nordpfeil einer wohldurchdachten Grillanlage. „Wir haben hier oben immer gestritten, wo Norden ist, und jeder hat in eine andere Richtung gezeigt", erzählt Wolfgang Binder. Seit seinem fünfzigsten Geburtstag gibt es keinen Streit mehr. Und das Geniale an der vorsätzlich rostanfälligen Grillanlage, die ihm sein Freundeskreis bei der Gelegen-

Der Weinkolumnist aus dem Remstal: Harald Beck am Weinberghäusle, das genau in der Mitte der Region Stuttgart liegt

Schick in Stuttgart: das Weinberghäusle der Industrie- und Handelskammer, ein Treffpunkt der Mächtigen

heit geschenkt und präzise ausgerichtet installiert hat: Auf der rostigen Haube sind die nachprüfbaren Koordinaten globaler Positionierung des Privatwengerts eingraviert. Der Mittelpunkt der Region Stuttgart, vermessen und bestimmt: 48 Grad, 47 Minuten, 32 Sekunden Nord und 9 Grad, 22 Minuten, 38 Sekunden Ost.

Schuld daran, dass dieser Punkt als Regionsnabel enttarnt worden ist, trägt übrigens der durchschnittliche Regionsbürger. Mittelwerte sind vor einigen Jahren für eine Zeitungsserie gefragt gewesen. Was verdient der Durchschnittsregionalbürger, Alter, Geschlecht, die individuelle Müllmenge und selbstver-

ständlich die Haarfarbe. Und wo er wohnt, der typische Regionaut. Das Landesvermessungsamt hat sich zunächst mangels Software außerstande erklärt, den geografischen Mittelpunkt exakt zu errechnen. Bis sich bei einer amtsinternen Weihnachtsfeier doch noch eine Dame mit dem nötigen Spezialwissen gefunden hat. Einen Kreis hat sie per Computerberechnung in die Landschaft gemalt. Einen wunderschön runden 300-Meter-Mittelpunkt-Kringel, wie sich herausstellte, rund um den Späher, das Wengerthäusle und den Findling am Vogelkopf.

Wie es der regionale Zufall so will, steht auch noch gut hundert Meter Luftlinie vom Häusle entfernt oben

gewesen, sagt Wengerter Werner Kuhnle, weinbautechnisch auch ein direkter Mittelpunktsnachbar. Aber „der Kuhnle", der sei halt ein Strümpfelbacher, sagen die Architekten aus Endersbach und könne das nicht objektiv beurteilen. Sinngemäß heißt es dazu diplomatisch im Archiv der 1975 geschmiedeten Gesamtkommune Weinstadt: Die Endersbacher hätten beim erbitterten Streit um die Waldnutzungsrechte zwar möglicherweise recht gehabt, aber die Strümpfelbacher hätten am Ende vom Landesherrn recht bekommen, weil dort die wirtschaftliche Not größer war.

Ein Ort der pragmatischen Kompromisse mit gewissem historischem Unterhaltungswert scheint er also irgendwie auch zu sein, der regionale Mittelpunkt. Und womöglich ein Platz, an dem Dinge zusammengeführt werden. Zum Beispiel die Vielzahl der Weinsorten: Vom Portugieser über Lemberger, Trollinger, Spätburgunder bis zum Riesling, Kerner, Müller-Thurgau oder Silvaner – in der Mitte der Region wächst praktisch alles. „Außer Chardonnay!", betont Bildhauer Uller Nuß und findet das Fehlen der französischen Modesorte in direkter Sichtweite seines Ateliers ausdrücklich ganz in Ordnung.

„Hälenga", nennt sich der Tropfen, der aus den Trauben gekeltert wird, die direkt neben dem Wengerthäusle in der Mitte der Region Stuttgart im Architektenwengert wachsen, ein Wein mit nicht nur namenstechnisch urschwäbischem, ehrlich-trockenem Charakter. Es ist der Hauswein im Wengerthäusle – in Rot als Portugieser, in Weiß als Silvaner. Ob der Inhalt der Flaschen auch rein geschmackstechnisch dem heimathistorischen Ort gerecht wird, ist im Nabel der Weinregion Stuttgart natürlich eine naheliegende Frage. Kunst-, Kultur- und Weinnachbar Uller Nuß gibt spätabends auf der Wengerthäuslesbank ganz entspannt eine klassisch-schwäbisch-hinterfotzige Antwort, die angesichts ortsüblich gebremster Euphorie-Gepflogenheiten durchaus als größtmögliches Lob eingestuft werden darf: „Den ka' mer guat trenka – solang's nix anders gibt."

am Schurwaldrand ein Denkmal namens Karlstein, geschaffen vom ebenfalls über die Regionsgrenzen hinaus bekannten Professor Fritz Nuß, dem Vater von Karl-Ulrich Nuß. Der Stein erinnert an einen jahrhundertelangen Waldstreit zwischen den Nachbardörfern Endersbach und Strümpfelbach. Herzog Karl-Eugen hat sich im Jahr 1793 höchstpersönlich per Sänfte zum heutigen Mittelpunkt der Region transportieren lassen, um jenen Streit seiner Untertanen endlich und endgültig zu schlichten. Erfolgreich zwar, so entnimmt man den kommunalen Annalen, aber so ganz einig sind sich die Nachkommen der Beteiligten bis heute nicht: Weise sei der Urteilsspruch

WEIN 0711

Fast cars and slow food – so lässt sich Stuttgart im Ausland schön griffig beschreiben. Denn neben der Industrie prägt der Weinbau das Stadtbild. Auf 430 Hektar wachsen Reben, und fast 500 Wengerter kümmern sich um die Lagen in der Landeshauptstadt.

Stuttgart

Den Werbespruch „Großstadt zwischen Wald und Reben" gibt es zwar längst
nicht mehr, aber Stuttgart gilt noch immer als eine der grünsten Städte Europas.
Ein weiterer Standortvorteil: Wo Wein angebaut wird, lässt es sich gut leben.

Im Bordeaux bin ich mal mit einem Belgier ins Gespräch gekommen, der von Stuttgart keine Ahnung hatte. Als Stuttgarter muss man im Ausland darauf gefasst sein, dass die Leute keine Ahnung von Stuttgart haben. Der Berliner hat es dagegen leicht: Die meisten Menschen wissen, wo er herkommt. Das liegt wohl daran, dass jeder das frittierte Gebäck mit der Füllung aus Marmelade kennt. Vermutlich sind deshalb auch die Hamburger in der Welt ein Begriff und die Frankfurter, diese Würstchen.

Wer Stuttgart als Adresse nennt, schaut meist in ratlose Gesichter. Ich füge immer schnell hinzu: Das ist die Heimatstadt von Mercedes! Nach einer kurzen Pause folgt der Trumpf, der alles sticht: und von Porsche! Fast immer sind die Leute dann total beeindruckt. Marken haben halt einen hohen Wiedererkennungseffekt. Auf dem kulinarischen Sektor können wir international allerdings nicht mithalten. Bei der Übersetzung von Maultaschen in fremde Sprachen schaudert's den Ausländer, Linsen mit Spätzle halten die meisten Nicht-Schwaben für eine ganz merkwürdige Kombination. Und der Trollinger hat unserem Ruf nicht nur gutgetan.

Aber zurück zum Belgier. Der Mann war Weintrinker, solche Leute trifft man vornehmlich im Bordeaux. Und Weintrinker kann man nicht so leicht mit Mercedes oder Porsche beeindrucken. Ich habe Stuttgart für ihn auf eine leicht verständliche internationale Formel reduziert: fast cars and slow food. Schnelle Autos, klar, und Slow Food nach der Vereinigung, die

sich um regionale Esskultur bemüht. Der Belgier, ein Flame, hat sofort verstanden – und war beeindruckt. Die Mischung macht es eben, viel Industrie gewürzt mit Genuss. Dem Flamen habe ich erzählt, dass bei uns mitten in der Stadt Autos gebaut werden und daneben der Wein wächst. Belgien ist ungefähr so groß wie Baden-Württemberg mit etwa so vielen Einwohnern und hat mit rund 110 Michelin-Sternen für seine Restaurants genau doppelt so viele wie Baden-Württemberg. Die Belgier sind also Gourmets. Ihnen fehlt allerdings der eigene Wein. Dieses Manko können auch die 400 Biersorten nicht ausgleichen.

So gesehen hat Stuttgart ein herausragendes Alleinstellungsmerkmal – neben dem Auto den Wein. In Deutschland kann keine andere Großstadt Reben mitten in der City bieten, zum Beispiel am Kriegsberg nur wenige Meter vom Hauptbahnhof entfernt, und dazu noch ein städtisches Weingut, das die Trauben selbst verarbeitet. In Europa stiehlt in dieser Hinsicht wohl nur Wien der baden-württembergischen Landeshauptstadt die Schau. Eine ganz verwegene Theorie lautet sogar, dass der Name Stuttgart gar nicht von Stutengarten, also einem Gestüt, abstamme, sondern von Stöckach im heutigen Osten der Stadt. Stöckach wiederum bedeutet Stockgarten, was wiederum mit Weinberg identisch sein soll. Auf rund 430 Hektar wachsen in Stuttgart Reben, was etwa zwei Prozent der gesamten Stadtfläche entspricht. In 16 der 23 Bezirke wird Weinbau betrieben, neben dem städtischen Weingut gibt es den Angaben der Stadt Stuttgart zufolge noch fünf Weingärtner-genossenschaften und fast 500 Wengerter, die vornehmlich im Nebenerwerb schaffen.

Bis ins 19. Jahrhundert war der Weinbau eine der Haupteinnahmequellen der Stuttgarter. Zuweilen soll die Rebfläche weit mehr als 1200 Hektar betragen haben – Cannstatt und Untertürkheim, weil damals selbstständig, nicht mitgerechnet. Das Klima im Kessel der Innenstadt ist günstig, die Temperaturen sind höher als im Umland, und die Sonne scheint häufig. Man könnte sagen: beinahe badische Bedingungen mitten in Württemberg. Der Wein floss in Stuttgart jedenfalls in Strömen. 1484 soll der Überfluss so groß gewesen sein, dass die Maurer Lehm und Kalk für den Bau der Stiftskirche nicht mit Wasser, sondern mit Wein anrührten. Und als Herzog Ulrich von Württemberg 1511 die bayerische Prinzessin Sabina ehelichte, soll im Alten Schloss aus acht Brunnenröhren der Wein gesprudelt sein. Jeder durfte trinken, so viel er vertragen konnte. Die Franzosen machten im Dreißigjährigen Krieg einen Reim darauf: „Si on ne cueilloit de Stutgard le ruisin, la ville iroit se noyer dans le vin." Was übersetzt so viel bedeutet wie: „Wenn man in Stuttgart nicht die Trauben holte ein, ersöffe bald die ganze Stadt in Wein."

Auch im 20. Jahrhundert blieb Stuttgart der Weinbautradition treu. „Großstadt zwischen Wald und Reben" lautete jahrzehntelang der Slogan, mit dem ungefähr von 1950 an um Besucher geworben wurde. So manchem kam die Stadt aber eher wie ein Weindorf vor, und deshalb ist es nicht verwunderlich, dass der einstige Oberbürgermeister Manfred Rommel heftig beklatscht wurde, als er ein neues Motto einführte: In den 1980er Jahren entstand „Stuttgart – Partner der Welt". Viele Weinberge mussten auch tatsächlich der Industrialisierung und dem Wachstum der Großstadt weichen: Vor rund 100 Jahren war die Anbaufläche in der Stadt noch doppelt so groß wie heute. Dennoch gilt die Industriestadt Stuttgart nach wie vor als eine der grünsten Großstädte Europas, und dazu tragen die Weinberge ihren Teil bei. Wenn man

vom Birkenkopf, dem berühmten Trümmerberg mit dem Spitznamen Monte Scherbelino, auf den Kessel hinunterblickt, dann entspricht der Slogan „Zwischen Wald und Reben" weiterhin dem Bild, das sich dem Betrachter von Stuttgart bietet.

Reben vor der Müllverbrennung in Stuttgart-Münster

Mister Riesling

Zufrieden fahre ich vom Hof, im Kofferraum zwei Kartons Wein. Als ich in die kleine Grunbacher Straße im Untertürkheimer Ortskern einbiegen will, kommt mir eine dicke, schwarze Limousine entgegen. Natürlich bin ich neugierig, warte und schaue, wer da wohl aussteigt. Es ist: zuerst ein bulliger Mensch im dunklen Anzug und dann ein Scheich. Vermutlich hat der Saudi gerade seinen Fuhrpark erweitert, wahlweise in Untertürkheim oder in Zuffenhausen oder gleich an beiden Orten. Und hinterher hat er noch einen Abstecher zu Stuttgarts, offensichtlich auch international, bekanntestem Weingut gemacht.

Wenn man also einen Vertreter für die Kategorie Weinproduzent der S-Klasse sucht, ist man bei Hans-Peter Wöhrwag an der richtigen Adresse. „Nur guten Wein zu machen, nutzt nichts", sagt der Winzer gerne, „es muss auch bekannt sein." Mit seiner Frau Christin bildet er dafür das perfekte Team: Er macht die hervorragenden Tropfen, sie kümmert sich charmant um die Kundschaft.

Hans-Peter Wöhrwag ist kein bescheidener Typ. Als Jugendlicher hatte er zum Beispiel „das schnellste Moped von Stuttgart", erzählt er gerne. Und als Banklehrling habe er nebenbei so erfolgreich an der Börse spekuliert, dass er sich schon damals die eine oder andere Flasche exzellenten Bordeaux oder Burgunder leisten konnte. Da ist es schon recht erstaunlich, dass er in einer Angelegenheit auf seinen Vater gehört hat: „Du wirst Winzer", sagte der zu ihm nach der mittleren Reife. Hans-Peter Wöhrwag hat zwar seinen ganz speziellen Weg gewählt, aber gefolgt ist er dem Ratschlag dennoch.

Für seine Generation legte er einen recht mondänen Lebenslauf hin. In die Lehre ging er jenseits von Württemberg, bei den renommierten Weingütern Bürklin-Wolf in der Pfalz und Salwey in Baden. Danach folgte der Umweg über die Bank, aber auch der hat ihn weitergebracht – in jedem Fall als Geschmacksschulung in puncto hochwertige Weine. Anschließend holte er das Abitur nach und nahm erst einmal einen Flieger nach Amerika. Im Napa Valley landete Hans-Peter Wöhrwag, lernte dort alle namhaften Winemaker kennen und kehrte nach einigen Monaten mit dem Entschluss zurück, in Geisenheim Önologie zu studieren und später in die USA zurückzukehren. Eine Frau, seine Zukünftige, hat ihn schließlich wieder an den heimischen Hof zurückgebracht. Christin lernte er beim Studium kennen, sie stammt von einem Weingut im Rheingau, das für den Bruder bestimmt war.

Als der Sohn Winzer war und 1990 den Betrieb übernommen hat, bedeutete dies für den Vater den sofortigen Ruhestand. Wundern durfte der sich allerdings nicht, hatte er es doch vorgemacht: Schon 1960 war der Senior aus der Genossenschaft ausgetreten, weil er seinen eigenen Kopf, eigene Ideen hatte. Er expandierte schnell auf 20 Hektar und betrieb damit eines der ersten privaten Weingüter dieser Größe in Württemberg. Hans-Peter Wöhrwag machte ebenfalls einen radikalen Schnitt. So wie sie zu jener Zeit waren, haben ihm die schwäbischen Tropfen nicht geschmeckt. „Die Stammkunden konnten mit meinen rassigen, schlanken Rieslingen wenig anfangen", erzählt er selbstbewusst von seinen Anfängen. Seine Weine verkaufte er trotzdem gut – weil der damals 28-Jährige als einer der Ersten in den Genuss des immer wiederkehrenden Medienrummels um neue junge Wilde kam und weil solche Geschichten bei Gourmets gut ankommen. Zum Mister Riesling ist er erklärt und als solcher gefeiert worden. Seine Weine konnte man schon bald in jeder gehobenen Wirtschaft bestellen.

Wobei ihm seine Frau bei der Entwicklung sicher hilfreich zur Seite stand. „Wer könnte wohl mehr von einem Riesling verstehen als eine Rheingauerin", lautet ein aktueller Werbespruch der Wöhrwags.

Ihre Kinder haben die Wöhrwags übrigens ziemlich rasch in den Betrieb integriert, zunächst als Namensgeber für Weine. Als das Paar 1990 an den Start ging, ist auch der erste Sohn Philipp geboren worden. Zur Feier des Ereignisses füllte Hans-Peter Wöhrwag ein Fass mit den besten roten Tropfen und präsentierte das Ergebnis seinen Testtrinkern. „Das ist der beste Wein, den du je gemacht hast", sagten sie ihm damals zu seiner Cuvée. Logisch, dass der zweite Sohn und die Tochter protestierten, bis auch sie ihren Wein hatten, Moritz einen roten, Johanna einen weißen.

Immer noch bewirtschaftet Hans-Peter Wöhrwag knapp 20 Hektar am Untertürkheimer Herzogenberg. Auf 40 Prozent der Fläche wächst Riesling. Den lässt er grundsätzlich kühl vergären, um die Frucht, die Säure und die Eleganz der Traube zu erhalten. Vom Großen Gewächs bis zum Gutsriesling zieht er sein Prinzip durch. Mit der günstigen Goldkapsel hat er eine richtige Marke in Stuttgart etabliert, die in direkter Nachbarschaft zu Mercedes mit klassisch schwäbischen Tugenden überzeugt: konstante Qualität über Jahre hinweg. Unfair ist allerdings, dass Hans-Peter Wöhrwag stets nur für seine Weißen gelobt wird – zumal er sich persönlich, abgesehen vom Champagner, mehr für Rotwein interessiert. „Jetzt hole ich einen *richtig* Guten aus dem Keller", sagte er einmal nach einer Verkostung auf seinem Weingut – und meinte damit einen alten Bordeaux. Bei solchen Vorbildern müssen die Ansprüche an sich selbst eben auch sehr hoch sein.

Hans-Peter und Christin Wöhrwag: Stuttgarts stilvollstes Winzerpaar

Weingut Wöhrwag
Grunbacher Straße 5
70327 Stuttgart-Untertürkheim
Telefon 0711 – 33 16 62
www.woehrwag.de

Deutschlands herausragendes Kollektiv

DIE UNTERTÜRKHEIMER GENOSSENSCHAFT SETZT NEUE MASSSTÄBE UND NENNT SICH WEINMANUFAKTUR

Die Untertürkheimer sind schlaue Leute. Ihr Talent zeigt sich nicht nur beim Autobau, auch die Weinmacher sind recht innovativ. Zum Beispiel heißen sie längst nicht mehr Genossenschaft. Der Titel klingt in manchen Ohren angestaubt, und angestaubt wollen die Untertürkheimer keinesfalls sein, auch wenn sie 2012 ihren 125. Geburtstag feiern. Würdevoll nennen sie sich seit 2002 Weinmanufaktur und sind unter diesem Etikett zur besten Genossenschaft Deutschlands aufgestiegen. Diesen Titel hat ihnen der Gault Millau mitsamt der dritten Traube verliehen. Der neue Name kann auch als ein gutes Beweismittel die-

nen – dafür, dass die Genossenschaft mit ihren Innovationen immer früher dran ist als die anderen.

Die Erfolgsgeschichte fängt damit an, dass das 1887 gegründete Kollektiv zu den ersten im Land gehörte. Als der Wandel im württembergischen Weinbau begann, waren die Untertürkheimer wieder vorne dabei. Otto Schaal, in den 1980er Jahren für den Wein verantwortlich, war einer der Ersten, der Merlotreben anpflanzen ließ. Er machte daraus, auch als einer der Ersten, mit dem Jahrgang 1988 eine Spitzen-Cuvée, die den Namen Mönch Berthold erhielt. Ein mutiger Schritt, denn damals schwärmten die Schwaben von

Jürgen Off (links) und Stefan Hübner: Kellermeister und Geschäftsführer der richtungsweisenden Weinmanufaktur

sortenreinem Wein. Die einzig zulässige Mischung bestand aus Trollinger mit Lemberger.

Der Schritt, sich von den meist noch große Massen produzierenden Genossenschaften abzugrenzen, war für die Untertürkheimer danach naheliegend. Bernd Munk, dem Vorstandsvorsitzenden, kam beim Rebenschneiden im Weinberg eine Idee. Gerade hatte er den Auftrag, die Fenster in der alten Kelter zu renovieren, an die Holzmanufaktur vergeben. Ihm gefiel nicht nur deren Angebot, sondern auch der Name. „Manufaktur klingt gut, klingt nach Handarbeit", dachte er sich, „genau das machen Wengerter, nicht nur beim Schneiden mit der Rebschere." Und so waren die Untertürkheimer auch bei der Namensgebung Trendsetter: Mittlerweile hat sich eine Menge Genossenschaften eine neue Bezeichnung gegeben.

Neben dem Namen ist den schlauen Untertürkheimern noch viel mehr eingefallen. Etwa der Manufakturrat, in den sie bekannte Leute einladen. Vornehmlich natürlich Herren, weil die mehr vom Trinken, Pardon, vom Wein verstehen. So bleibt die Genossenschaft in wichtigen Kreisen im Gespräch. Zum anderen zeigen die Untertürkheimer aller Öffentlichkeit, dass es ihnen gelingt, über den schwäbischen Tellerrand hinauszuschauen. Im Manufakturrat wurden zum Beispiel einmal Lemberger verkostet. Darunter verstehen Bernd Munk und sein Kellermeister Jürgen Off nicht nur die Weine von Rems und Neckar, sondern auch aus dem Burgenland. In Österreich heißt die Sorte Blaufränkisch, und dort haben sie ein bisschen früher als die Württemberger das Potenzial der Rebe entdeckt. „Nur so erfahren wir doch, wo wir stehen", sagte Bernd Munk an diesem Abend.

Daraus lässt sich das Erfolgsgeheimnis der Weinmanufaktur ableiten: Die Genossen sind nicht nur sehr stark qualitätsorientiert, sondern auch neugierig. Und die Führungsriege ist eine eingeschworene Mannschaft, die spontan Entscheidungen treffen kann. Der Ende 2010 angetretene Geschäftsführer Stefan Hübner hat den Job von seinem Vater übernommen. Er ist außerdem der Neffe des Vorstands-

vorsitzenden. Der Kellermeister Jürgen Off, in Weinsberg zum Techniker ausgebildet, ist fast ein Vierteljahrhundert dabei: Er hat 1987 die Nachfolge von Otto Schaal angetreten – und pflegt sein Faible für die Cuvées weiter. Von der „großen Gestaltungsvielfalt" schwärmt er, und davon, „Stärken und Eigenarten der einzelnen Sorten dadurch zu etwas Komplexerem verarbeiten zu können".

Die Untertürkheimer bezeichnen sich als die zweitkleinste selbstausbauende Genossenschaft in Deutschland. Zur Weinmanufaktur gehören zwar 80 Mitglieder, aber nur 40 Ablieferer, die 85 Hektar bearbeiten. „Wenn Vorstand und Aufsichtsrat tagen, dann sind an diesem Tisch 80 Prozent unserer Rebfläche vertreten", erklärt Bernd Munk gerne. So kann man als Genossenschaft Maßstäbe setzen. Dazu gehört, dass die Untertürkheimer den Anteil des Trollingers von 50 auf 30 Prozent reduziert haben, was für eine Genossenschaft im Schwabenland ziemlich außergewöhnlich ist. Aber die Menge an Lemberger und Spätburgunder hat nicht mehr gereicht. Sie schafften die Lagen ab und ersetzten die alten Qualitätsabstufungen durch ein Sternesystem. Sie ernten im Schnitt auch ein Drittel weniger Trauben als früher. Und sie verkaufen immer weniger Literflaschen.

„Es hat sich wirklich enorm viel getan", sagt Jürgen Off und kann es selbst kaum fassen. In der Betriebsvorstellung der Weinmanufaktur nimmt die Liste der seit 2005 erzielten Preise und Auszeichnungen drei DIN-A4-Seiten ein. Im Keller der Weinmanufaktur steht ein Fass mit Schnitzereien. 100 Jahre Partnerschaft zwischen den Daimler Motorenwerken und der Weinmanufaktur wurden damit gefeiert. „Wir hoffen, dass man Untertürkheim mittlerweile nicht nur mit dem Auto verbindet", sagt Stefan Hübner.

Weinmanufaktur Untertürkheim
Strümpfelbacher Straße 47
70327 Stuttgart-Untertürkheim
Telefon 0711 – 3 36 38 10
www.weinmanufaktur.de

Die schönsten Aussichten

DAS COLLEGIUM WIRTEMBERG SITZT AM FUSS DER GRABKAPELLE VON KÖNIGIN KATHARINA PAWLOWNA

Martin Kurrle entnimmt einem neuen Barrique-Fass ein bisschen Wein, hält mir das Glas hin, schaut neugierig – und fragt: „Und?" Ein Hauch anders, etwas mehr Vanille-Ton? Genau. Obwohl der Wein der gleiche ist, wie der zuvor probierte. Und wie der vor diesem probierte. Die Proben stammen aus drei verschiedenen Fässern des besten Lembergers der Genossenschaft, die in der Kelter im Fleckensteinbruch am Rand von Untertürkheim lagern. Der Unterschied ist faszinierend. Welchen Einfluss ein Fass auf das spätere Ergebnis haben kann, wusste ich nicht. Völlig identisches Ausgangsmaterial, drei unterschiedliche Weine. Deshalb erzähle ich diese Geschichte allerdings nicht, sondern vielmehr um die Person Martin Kurrle zu beschreiben. Er ist ein Perfektionist mit Sendungsbewusstsein.

Bei den Gesprächen mit dem Kellermeister und in Personalunion dem Geschäftsführer des Collegiums Wirtemberg geht es nach kurzer Zeit immer nur um ein Thema: Was man alles tun kann, um die Qualität des Weins noch zu verbessern, und natürlich, was die Kollegen dafür tun. Wenn Martin Kurrle darüber referiert, bewegt er immer leicht den Kopf hin und her, um seine Sätze zu unterstreichen, als gäbe es irgendwo schlechte Menschen, die ihm dies alles nicht glauben wollten. Dazu erhebt er fast schon beschwörend die Hände: „Wir tun hier wirklich wahnsinnig viel! Unser Ziel ist es, immer bessere Weine zu machen."

Die Geschichte des Rotenberger Qualitätsmanagements ist aufs Engste mit seinem Namen verbunden. Anfang der 1990er Jahre übernahm Martin Kurrle (Jahrgang 1966) die Geschicke des kleinen Kollektivs. Er kam damals von der Hochschule in Geisenheim, als ein Önologie-Studium im württembergischen Weinbau eher selten war. Unterhalb der Grabkapelle, die der württembergische König Wilhelm I. im Jahr 1820 für seine geliebte, viel zu jung verstorbene Gattin Katharina errichten ließ, arbeitete fortan eine der fortschrittlichsten Genossenschaften. Bereits 1993 wurde hier der Ertrag reduziert.

In Rotenberg ließen sich solche Ideen durchsetzen, denn dort war die Mannschaft überschaubar. Die wenigen Mitglieder bewirtschafteten nur 50 Hektar Rebfläche, und sie waren sich in der Richtung einig. Den Weg dorthin zu finden, überließen sie ihrem umtriebigen Chef. Martin Kurrle schaffte sein Ziel, wenngleich der Betrieb im Vergleich mit den Nachbarn in Untertürkheim immer etwas unterbewertet wurde in den einschlägigen Publikationen. Die Weine verkauften sich trotzdem hervorragend – nicht nur wegen des touristisch anziehenden Etiketts mit einem Bild von der Grabkapelle.

„Die Liebe höret nimmer auf!", hat der König für seine Katharina in den Stein der Grabkapelle auf dem Württemberg meißeln lassen. Das königliche Bauwerk ziert seit 100 Jahren die Flaschen der Rotenberger; die Grabkapelle haben sie sich als Markenzeichen eintragen lassen. „Der Württemberg und unser Betrieb, das gehört zusammen", sagt Martin Kurrle, „das ist unser Alleinstellungsmerkmal." Trotz des Traditionsbewusstseins wagten die Rotenberger 2007 einen gewaltigen Umbruch. Erstens kauften sie der Württembergischen Weingärtner-Zentralgenossenschaft (WZG), die ihren Hauptsitz in Möglingen hat, eine riesige Kelter im Fleckensteinbruch in Untertürkheim ab, um Platz für Entwicklung zu haben. Im zweiten Schritt fusionierten sie mit der Uhlbacher Genossenschaft. „Das hätte man eigentlich schon vor

zwanzig Jahren tun sollen", sagt Martin Kurrle, denn nun gehörten die Weinberge rund um den Württemberg vollends zusammen. Ein paar schlaflose Nächte hat ihn dieser Schritt allerdings schon gekostet: Auf einen Schlag leitete er damit die größte Stuttgarter Kooperative mit 125 Hektar Rebfläche.

Weil die Genossenschaft zwar noch gelebt wird, im Weingutsnamen aber nicht mehr schick klingt, nannten sich die Betriebe fortan Collegium Wirtemberg. Collegium, weil damit signalisiert werden soll, dass gleichgestellte Kollegen zusammen arbeiten. „Das hat uns auf die Überholspur gebracht", ist Martin Kurrle überzeugt. Bei der Qualität waren die Rotenberger allerdings klar tonangebend. Nur als der Geschäftsführer das Uhlbacher Schlürferle, einen einfachen Trollinger, abschaffen wollte, um das Sortiment etwas zu straffen, gab es Proteste. Der Wein steht wieder auf der Karte und Martin Kurrles Bilanz fällt dennoch positiv aus: „Der Zuspruch ist gut, von den Zahlen her sowieso. Das Ganze ist eine runde Sache." Die heilige Halle nennt der Kellermeister den Ort im

Fleckensteinbruch, wo die Barriques mit dem besten Lemberger der Genossenschaft lagern. 300 dieser französischen Eichenholzfässer stapeln sich dort. Martin Kurrle schwärmt von den „dichten, kräftigen, vollen, stoffigen Rotweinen", die immer mehr gefragt seien. Mit ihren Roten kämen die Württemberger gut an, hat er auf Messen festgestellt. Vor 20 Jahren habe die internationale Weinwelt das Anbaugebiet nicht wahrgenommen, nun wollten bei solchen Gelegenheiten alle probieren. In der heiligen Halle wird er so lange experimentieren, bis er das seiner Meinung nach beste Ergebnis erzielt. Vermutlich wird der Überzeugungstäter beim Erklären seiner Weine dann wieder den Kopf schütteln, weil er denkt, dass irgendjemand dies alles nicht glauben könnte.

Martin Kurrle: Betriebsleiter und Kellermeister in einer Person beim Collegium Wirtemberg – unterhalb der Grabkapelle

Collegium Wirtemberg
Württembergstraße 230
70327 Stuttgart-Rotenberg
Telefon 0711 – 32 77 75 80
www.collegium-wirtemberg.de

Ein Kellermeister krempelt um

DIE CANNSTATTER GENOSSEN HOLEN MIT THOMAS ZERWECK AUF

Thomas Zerweck ist ein bescheidener Typ. „Einer hätte auch schon gelangt", sagte er 2009, nachdem die Weingärtner Bad Cannstatt beim Deutschen Rotweinpreis gleich in zwei Kategorien gewonnen hatten. Mit einer Cuvée und einem Samtrot siegten die Genossen bei dem renommierten bundesweiten Wettbewerb. Ihr Kellermeister hat wieder weiter gedacht: ein Preis im einen und einen im nächsten Jahr wäre geschickter gewesen, um nicht als Eintagsfliege zu gelten. „Das wäre noch mehr eine Bestätigung unserer Arbeit gewesen", erklärte er damals. Den Erfolg würde er nie allein auf sich beziehen, dabei ist es Tatsache, dass er den Betrieb seit seinem Arbeitsantritt im Jahr 2003 völlig umgekrempelt hat – vom Erdbeer-Kochton zu einem ausgegorenen Geschmack.

Als Thomas Zerweck den Job des Kellermeisters übernahm, hatten die Cannstatter den Anschluss an die anderen Stuttgarter Genossenschaften längst verpasst. Während die Weinmanufaktur Untertürkheim und das Collegium Wirtemberg auf Qualität setzten, war in der Kelter beim Römerkastell alles beim Alten geblieben. Das heißt zum Beispiel: Die Maische wurde zu 100 Prozent erhitzt. Dadurch schmeckt der Wein wie eingemachtes Gsälz, und solche Tropfen kamen bei der Kundschaft immer weniger an. Dass die Trauben jetzt in Ruhe vergären dürfen, war Thomas Zerwecks erste Änderung. „Die Bereitschaft umzustellen war groß", erzählt er; gegen Windmühlen musste er jedenfalls nicht kämpfen. Bei ihrer Größe blieb den Genossen auch nichts anderes übrig, denn auf Menge können sie nicht setzen: Rund 40 aktive Mitglieder bewirtschaften etwa 45 Hektar, davon ein gutes Drittel in steilen Lagen.

Stattdessen wird nun vor allem für den Premiumbereich nach strengen Regeln gearbeitet und der Ertrag konsequent reduziert. Das Cannstatter Zuckerle will Thomas Zerweck außerdem ins rechte Licht rücken. Seiner Meinung nach handelt es sich dabei schließlich um eine der besten Lagen Württembergs. Lemberger und Spätburgunder wurden dort gepflanzt, auch internationale Sorten wie Cabernet Sauvignon, Merlot und Shiraz. In die Kellertechnik haben die Cannstatter einiges investiert: neue Holzfässer gekauft, Kühlgeräte angeschafft. Und die Qualität der Weine wird nicht mehr in Kabinett, Spätlese und Auslese, sondern nach Sternen unterteilt. Weniger Genossenschaft, mehr Weingut: Diesen Charakter soll der Betrieb haben, weshalb er in Weingärtner Bad Cannstatt umfirmiert wurde und eine neue Corporate Identity bekommen hat.

Thomas Zerweck, Jahrgang 1969, ist viel herumgekommen. Bei den Genossen in Fellbach, zu denen auch sein Vater gehört, und bei Hans Haidle ging er

rechts: Thomas Zerweck: Kellermeister der Cannstatter Genossen mit Durchblick

unten: Gut temperiert: Die Weingärtner wollen ihre Bodenhaftung nicht verlieren

in die Lehre, in Geisenheim studierte er Önologie, in Australien bekam er „den letzten Schliff beim Rotwein". Fünf Jahre lang arbeitete er danach in der Hofkammer-Kellerei des Herzogs von Württemberg. Mit dieser Vorgeschichte kam er nach Stuttgart. Doch seine jetzigen Genossen sind trotz des Standorts mitten in der Großstadt noch recht landwirtschaftlich geprägt. Fast alle führen Mischbetriebe, bauen zusätzlich Obst und Gemüse an und gehen „kaum nach Stuttgart auf die Gass'". 1923 haben sie sich zusammengeschlossen, 1949 bauten sie ihre Kelter in der Rommelstraße beim Römerkastell, weil die alte in der Cannstatter Vorstadt zerbombt worden war. 2010 fusionierten sie mit den Weingärtnern Unteres Murrtal und erweiterten die Rebfläche auf 61 Hektar sowie die Zahl der aktiven Mitglieder auf 81. Thomas Zerweck soll auch ihnen zu einem Qualitätssprung verhelfen. Für die Cannstatter lohnt sich die bessere Auslastung ihres Maschinenparks.

Dass die eingeschlagene Richtung die richtige ist, lässt sich neben den Preisen auch an den Verkaufszahlen ablesen. Und das ist immer ein Argument, um schwäbische Wengerter von etwas zu überzeugen. Zum Beispiel von der siegreichen Cuvée Condistat, in der genau die drei neuen Sorten Cabernet Sauvignon, Merlot und Shiraz stecken und die mehr als 20 Euro kostet. „Das braucht man fürs Image", sagt Thomas Zerweck. Und die Preise helfen dabei, wahrgenommen zu werden. Die Weinmanufaktur Untertürkheim habe auch erst für so viel Aufsehen gesorgt, als sie drei Mal in Folge den Deutschen Rotweinpreis gewonnen habe. Die Bodenhaftung will der Kellermeister jedoch auf keinen Fall verlieren. „Wir sind schon stolz, dass wir es geschafft haben", sagt Thomas Zerweck, „aber wir ruhen uns nicht darauf aus."

Weingärtner Bad Cannstatt
Rommelstraße 20
70376 Stuttgart-Bad Cannstatt
Telefon 0711 – 54 22 66
www.badcannstatt-weine.de

Allein unter Männern

CHRISTEL CURRLE IST DIE ERSTE WEINMACHERIN STUTTGARTS,
JETZT HAT SIE EINE KOLLEGIN BEKOMMEN

Wein- und Sektgut Christel Currle

Das Leben ist eine Baustelle: zumindest für Christel Currle und Heike Ruck im Jahr 2011. Erstere ist die erste Weinmacherin Stuttgarts, seit sie 1995 in den väterlichen Betrieb im Stuttgarter Stadtteil Uhlbach eingestiegen ist. Bisher war sie auch die einzige Weinmacherin in der Stadt. „Heike Ruck macht mir meinen Titel streitig", sagt sie jetzt und lacht. Nun gibt es zwei Frauen in Stuttgart, die diesem Beruf nachgehen und die so manche Erfahrung teilen. Mangels einer männlichen Alternative ist es in beiden Fällen überhaupt so weit gekommen. Und bei beiden ist der Betrieb momentan eine Baustelle: Christel Currle baut ihr Weingut aus und Heike Ruck baut ihr Unternehmen noch auf.

Bei den Currles hießen die Wengerter meistens entweder Otto oder Fritz. Seit 1625 bewirtschafteten sie ihre Stückle in den Weinbergen rund um das Dorf unterhalb des Württembergs, die Trauben lieferten sie bei den Obrigkeiten ab und von 1906 an zählten sie zu den Uhlbacher Genossen. Heiderose und Fritz Currle scherten aus der Gemeinschaft aus, zwar zunächst nur mit einem Wengert in Korb, aber aus der Genossenschaft flogen sie mit ihren restlichen 30 Ar trotzdem raus, als sie 1973 eine Besenwirtschaft eröffneten. Sie hatten gerade gebaut und drei kleine Kinder, Drei-Mädel-Haus nannten sie das Lokal.

In dem Namen steckt allerdings auch das Problem. Die Currles gingen ganz selbstverständlich davon aus, dass keine ihrer Töchter die Weinberge übernehmen wird. „Wenn die Freundinnen sommers alle im Freibad waren, hatte ich natürlich keine Lust, Stämme zu putzen", erzählt die 1970 geborene Christel Currle.

Die eine Schwester stieg ins Hotelfach ein, die andere wurde Konditorin und Christel wollte das Floristenhandwerk lernen. Doch irgendwann dachte sie, dass Weinbau auch kreativ ist und dass es besser sei, gleich die passende Lehre zu machen, als später quer einzusteigen. Auf Betreiben des Vaters sattelte sie eine kaufmännische Ausbildung auf und besuchte von 1993 an für zwei Jahre die Weinbauschule Weinsberg. Noch heute amüsiert sie sich darüber, dass auf der Urkunde Techniker steht, weil niemand auf die Idee kam, bei ihr als einziger Frau des Jahrgangs die Endung -in anzufügen.

Christel Currle geht dieses männliche Gewerbe entspannt an. „Klar kann man als Frau nicht alles machen", sagt sie zum Beispiel. Sie weiß, wie es geht, und lässt Pflanzlöcher doch lieber von Männern graben. Nur einst in Italien wurden ihre Nerven etwas strapaziert. Nach drei Monaten Neuseeland wollte sie weitere Auslandserfahrungen am Stiefel sammeln. Aber die dortigen Machos ignorierten sie bei dem Praktikum. „Ich durfte nicht einmal die Weinpresse putzen, weil es hieß, ich würde es nicht sauber genug machen", erzählt sie.

Den Übergang daheim haben die Currles Schritt für Schritt gemacht. 2000 ist die Tochter Mitinhaberin des Weinguts geworden, sieben Jahre später hat sie es übernommen, 2010 hat es auch ihren Namen erhalten sowie ein neues Logo und ein neues Erscheinungsbild. „Es war wie bei 99 Prozent der Generationenwechsel: Nicht alles lief reibungslos", sagt sie. Mit ihrem Vater hat sie so manchen Streit über Barrique-Fässer ausgetragen, ihre Mutter weigerte sich am An-

fang, die Trauben zur Ertragsreduzierung von den Stöcken zu schneiden. Aber irgendwann und irgendwie rauften sie sich doch immer zusammen.

8,5 Hektar bewirtschaftet Christel Currle mittlerweile. Den Trollinger-Anteil hat sie Stück für Stück durch Sauvignon blanc, Merlot, Syrah und gelben Muskateller ersetzt. „Ich will mich weiterentwickeln", lautete ihre Devise von Anfang an. Dazu passt der Bau des neuen Verkaufs- und Verkostungsraums. Dazu passt außerdem der Beruf ihres Mannes Markus Emmel. Der promovierte Agrarbetriebswirt arbeitet im weinanalytischen Labor seiner Eltern in der Pfalz: „Durch ihn habe ich unheimlich viel an Wissen dazubekommen", sagt seine Frau, „ich bin immer am Nabel der Zeit."

Im Uhlbacher „Drei-Mädel-Haus" sind sie gleichzeitig der Tradition treu geblieben: Der Betrieb wird tatsächlich von drei Frauen geschmissen. Christel Currle macht den Wein und den Sekt, ihre Mutter und eine Schwester betreiben die Besenwirtschaft und den Stand beim Stuttgarter Weindorf und dessen Hamburger Pendant. Wie es später einmal weitergeht, wird man sehen. Christel Currle hat zwei Kinder, die Tochter Anna-Sophie und den Sohn Alexander.

Wein- und Sektgut Christel Currle
Tiroler Straße 17
70329 Stuttgart-Uhlbach
Telefon 0711 – 34 27 17 33
www.weingut-currle.de

Christel Currle: lange Zeit Stuttgarts erste und einzige Weinmacherin

Rux Wein – Heike Ruck

Der Großvater von Heike Ruck wollte seinen Weinberg in Stuttgart-Mühlhausen eigentlich den männlichen Enkeln vererben. Nicht, weil er sie bevorzugen wollte, sondern weil's halt „ein Drecksgeschäft" ist, die Steillagen am Neckar zu pflegen – jedenfalls

nichts für ein Mädchen. Aber die Männer wollten nicht, dann durfte Heike. „Als ich die Ausbildung gemacht und im Weinberg geschafft habe, war es okay für ihn", sagt sie. Bei Hans-Peter Wöhrwag ist Heike Ruck in die Lehre gegangen und hat Getränketech-

Heike Ruck: Garagen-
winzerin auf dem Weg zum
veritablen Weingut

eine Dauerleihgabe ihres früheren Lehrmeisters Hans-Peter Wöhrwag. Mehr passt in die knapp 60 Quadratmeter große Garage nicht hinein.

Riesling, aus alten Reben stammender Trollinger, Spätburgunder und Sauvignon blanc hat Heike Ruck in ihrem noch kleinen, ungewöhnlichen Programm. Ihre Flaschen ziert ein cooles Etikett, Rux steht da in großen Lettern drauf, weil sie und ihr Mann Christoph Ruck auf diese Weise Postkarten aus dem Urlaub unterschreiben: „Herzliche Grüße, die Rux". Ziemlich sympathisch und kreativ sind diese Rux, zumal der Inhalt der Flaschen dem in nichts nachsteht. Dass sie noch einiges vorhat, sieht man: „Vom Garagenwein zum Großstadtgut" könnte die Entwicklung lauten. „Einen perfekteren Standort als Stuttgart gibt es nicht", findet die 1973 geborene Wengerterin. 2012 kümmert sie sich schon um 2,5 Hektar, das Ziel sind fünf. Darüber hinaus haben die Rux nun viele Tausend Euro in den Kauf eines ehemaligen Gärtereigebäudes am Ortsrand von Mühlhausen investiert.

Seit dem 1. Januar 2012 an machen Heike und Christoph Ruck auch gemeinsame Sache. „Den Betrieb nebenher zu machen, ist schwierig; man sollte ihm die ganze Zeit widmen können", findet sie. Und schließlich ist ihr Mann ebenfalls Winzer. Seit 2003 arbeitete er als Kellermeister im Weingut Schloss Lehrensteinsfeld, dort kündigte er zum Jahresende 2011. Wer übrigens im Internet statt ruxwein.de aus Versehen ruckwein.de eingibt, stößt auf seine Wurzeln: das Weingut Johann Ruck in Iphofen, das in Franken zu den besten zählt und von seinem Bruder Johannes geführt wird. Die Stuttgarter Garagenweintüftler haben sich mit der Gärtnerei eine entsprechend ausbaufähige Adresse zugelegt.

Rux Wein
Heike und Christoph Ruck
Heidenburgstraße 20
70378 Stuttgart
Telefon 0711 – 51 86 18 94
www.ruxwein.de

nologie in Geisenheim studiert. 2008 startete sie ihr Unternehmen. Den Austritt aus der Cannstatter Genossenschaft nahm ihr der Opa allerdings übel. Doch die Enkelin wollte Wein machen und nicht nur Trauben abliefern. „Wenn man solche Lagen hat, will man ausbauen", erklärt sie, „sonst wäre der Prozess so unvollständig und man könnte statt Trauben auch Kartoffeln anbauen."

70 Ar in der Spitzenlage Cannstatter Zuckerle umfasste das Erbstück – und dazu das Nutzungsrecht für eine Garage im Haus des Großvaters. Heike Ruck kann für ihre Tropfen tatsächlich den Begriff Garagenwein beanspruchen. Im ersten Jahr füllte sie gerade einmal 2000 Flaschen. Ein paar wenige Tausend Euro waren ihr Startkapital: für eine Raspel, „ein ganz olles Ding", einen Zuber für die Maischegärung, einen gebrauchten Filter, eine Pumpe, vier Barrique-Fässer und sechs größere Stahltanks. Die Presse ist

Den Preis legen die Stadträte fest

DIE LANDESHAUPTSTADT LEISTET SICH EIN EIGENES WEINGUT

Kein Kutschenmacher, also der urzeitliche Autobauer soll Stuttgarts erster urkundlich erwähnter Bürger gewesen sein – sondern ein Weingärtner. Eine schönere Symbolfigur lässt sich für das Weingut der Stadt nicht finden. Buzze hieß der Mann, und so heißt heute die rote Spitzencuvée des Betriebs. Die Trauben dafür stammen aus der Lage Mönchhalde im Stuttgarter Norden, dort hat Buzze um 1250 herum im Auftrag eines Dominikanerinnenklosters zwei Weinberge bestellt. Mit städtischen Symbolen versehen sind auch alle anderen Etiketten des Weinguts: Markthalle und Stiftskirche zum Beispiel, das Schloss Solitude oder das Feuerbacher Rathaus. Ein Tropfen wurde Semsakrebsler getauft, was im Schwäbischen eher ein Schimpfwort für einen sauren Wein ist, der von Reben stammt, die an Hauswänden und Fenstersimsen hochwachsen, also krebseln.

Der Name war die Idee von Bernhard Nanz – nachdem der städtische Wein im Gemeinderat als Semsakrebsler verunglimpft worden war. „Schwäbisches Marketing in Reinkultur" nennt der Betriebsleiter des Weinguts der Stadt Stuttgart die Namensgebung für den Dornfelder aus der Weinsteige, der sich prompt zu einem Verkaufsschlager entwickelte. Um seinen Job zu machen, braucht es eben ein dickes Fell und eine gewisse Portion Humor. Als Chef eines kommunalen Unternehmens wird seine Arbeit genau verfolgt. Dabei stößt den Lokalpolitikern auf, dass das Weingut der Stadt keine Einnahmen beschert, sondern ein jährliches Defizit von bis zu 450 000 Euro. Stets wird an den Personalkosten herumgemäkelt und stets steht bei den Haushaltsberatungen die Frage im Raum, ob ein privater Betreiber nicht alles besser und billiger machen könnte. Zuletzt heckte der Finanzbürgermeister den Plan aus, den Betrieb zu verpachten, und suchte per Anzeige nach Interessenten. Doch schließlich stoppten die Stadträte das Vorhaben.

„Die Werbung muss es Stuttgart wert sein", sagt Bernhard Nanz und spielt damit auf den alten Slogan von der Großstadt zwischen Wald und Reben an. Er jedenfalls sei stolz auf diese Stadt, ergänzt er: überall grün – und diese Aussichten, egal, in welcher Ecke man sich befinde! Das Weingut ist für ihn ein Juwel. Wie die Oper sei es keine Pflichtaufgabe, sehr wohl aber eine identitätsfördernde Einrichtung. Und so sieht es auch die Mehrheit der Stadträte, die jährlich bei der Weinpreisfestlegung mitbestimmen dürfen, wie viel jede Flasche kostet. Das Weingut trage zum Charme

Cannstatter Zuckerle, gut gereift

Stuttgarts bei und sei „auch Herzensangelegenheit, nicht nur Rechenexempel", befanden sie. Die Lösung lautet jetzt, dass die Cannstatter Weingärtner, die beachtliche Erfolge in der jüngsten Vergangenheit erzielt haben, mit dem kommunalen Betrieb zusammenarbeiten.

Die Genossen und die Kommune sind Nachbarn: 1949 baute die Stadt ihre Kelter oberhalb der Cannstatter Halde, als eine Art Doppelhaushälfte mit der Genossenschaft. Damit wurde damals der Grundstein für das kommunale Weingut gelegt. In den zehn Jahren zuvor hatte ein Küfermeister die städtischen Trauben zu Wein verarbeitet und davor war der Most immer gleich nach dem Keltern versteigert worden. Von der Kooperation mit den Cannstattern erhoffen sich die Stadträte langfristig hochwertigere Tropfen. Bislang

gilt das Stuttgarter Weingut als bürgerlich-solide. Mit der rasanten Qualitätssteigerung in Württemberg konnten Bernhard Nanz und sein Kellermeister Heinrich Kremsner nicht in allen Bereichen mithalten. Manchmal rutscht dem Betriebsleiter dann doch eine Rechtfertigung heraus, wenn es Kritik gibt. „Zu sagen, wir haben keinen Plan, ist eine Frechheit", schimpft er und zieht einen Stapel Excel-Tabellen aus der Tasche, die unter anderem genau darüber Auskunft geben, welcher Wein sich wie verkauft. Aber generell muss Bernhard Nanz mit seiner Aufgabe sehr zufrieden sein. Immerhin arbeitet er seit 1979 beim Weingut und wurde 1993 dessen Chef.

Die Arbeitsbedingungen sind tatsächlich nicht einfach. Auf ein Dutzend Gebiete verteilen sich die 17 Hektar über die ganze Stadt, und fünf davon be-

Wein in der Kommune

Stuttgart ist zwar in Deutschland die einzige Landeshauptstadt, die ein Weingut besitzt – aber nicht die einzige Stadt. Auch Alzey in Rheinhessen und Hammelburg in Franken machen noch eigenen Wein. Der Sohn eines ehemaligen Bürgermeisters vermachte der Stadt Alzey 1916 sein herrschaftliches Anwesen mitsamt Weinbergen. Die Hammelburger kamen über den Kauf des Schlosses Saaleck zu ihrem Weingut. 1964 beschloss der Gemeinderat, die Burg mit dem dazu gehörigen Weinbaubetrieb in städtischen Besitz zu übernehmen – auch, um dem Weinbau im Tal der fränkischen Saale neuen Auftrieb zu geben. Das mit 45 Hektar Rebfläche größte deutsche kommunale Weingut hat zwei Besitzer: die Stadt Offenburg und den Ortenaukreis. Der Betrieb geht einerseits aus einem im Jahr 1300 gegründeten Spital hervor, für dessen Finanzierung die Bürger Weinberge und Ackerland stifteten. Daraus entstand das St.-Andreas-Weingut, das im 20. Jahrhundert unter die Regie der Stadt kam. Der Ortenaukreis wiederum legte 1950 ein Weinbauversuchsgut an, um den Wiederaufbau des Weinbaus in der Ortenau nach dem Krieg zu fördern. Beide Betriebe fusionierten 1997 zum Weingut Schloss Ortenberg. Städte wie Mainz, Frankfurt am Main und Bensheim haben die Arbeit dagegen abgegeben und ihre Weingüter an private Betrei-

ber verpachtet. Die Stadt Lahr ist noch einen Schritt weitergegangen und hat ihre Weinberge gleich ganz verkauft. Die Familie Wöhrle übernahm 1979 von der Stadt die fünf Hektar und den Namen dazu. Das dadurch auf zwölf Hektar vergrößerte Weingut ist 2004 in den Verband der deutschen Prädikatsweingüter aufgenommen worden und erzielt gute Bewertungen in den einschlägigen Weinführern.

In Wien, wo auf einer Fläche von rund 730 Hektar Weinbau im Stadtgebiet betrieben wird, geht es noch ein Stückchen größer: 48 Hektar umfasst das städtische Weingut Wien Cobenzl. Seit mehr als 100 Jahren führt Österreichs Hauptstadt ihr eigenes Weingut. Der Betrieb ist jüngstes der sechs Mitglieder umfassenden Prestigevereinigung WienWein. Die Stadt Krems hat ihr Weingut, das ebenfalls aus einer Bürgerspitalstiftung sowie aus vom Kremser Burggrafen an die Stadt verschenkten Weingärten hervorging, 2003 in eine eigenständige GmbH ausgegliedert und mit Fritz Miesbauer einen neuen Geschäftsführer engagiert. Seither sind die Weine in die österreichische Top-Liga aufgestiegen. Das mehr als 550 Jahre alte Weingut gehört zum elitären Verband der österreichischen Traditionsweingüter. Es umfasst 30 Hektar, die innerhalb der Grenzen der 23 000-Einwohner-Stadt liegen.

finden sich in arbeitsintensiven terrassierten Steillagen. „Wir sind zu 20 Prozent ein Fuhrunternehmen", sagt Bernhard Nanz, allein um von der Karlshöhe zur Weinsteige zu gelangen, brauchen seine Mitarbeiter eine halbe Stunde. Um die Kosten unter Kontrolle zu halten, hat er einen zuverlässigen Trupp von 50 Ehrenamtlichen, die Stunden damit verbringen, die Reben zu binden und zu schneiden, das Laub zu entfernen, Trauben herauszuschneiden und im Herbst zu lesen. Weinbaufachkräfte nennt er sie; als Lohn gibt es Naturalien, also Wein.

Gäbe es das städtische Weingut nicht, gäbe es vermutlich in der Innenstadt keine Weinberge mehr. Außer am Kriegsberg, wo die Landesbausparkasse, die Industrie- und Handelskammer, die Firma Züblin und der Winzer Frank J. Haller noch Reben pflegen und pflegen lassen, besitzt in der City niemand mehr Weinstöcke. Oftmals ist das Weingut an seine Lagen gekommen, weil die ehemaligen Besitzer sich nicht mehr darum kümmern wollten. In den 1950er Jahren gab zum Beispiel die Familie Müller ihren terrassierten Weinberg in der Mönchhalde an die Stadt ab, den ein Vorfahre um 1850 dort angelegt hatte. Die Cannstatter Halde wiederum fiel an Stuttgart als Ausgleich für Grundbesitz, der zum Bau der Reiterkaserne an das Deutsche Reich abgetreten werden musste. Die 1200 Lemberger-Stöcke oberhalb der Villa Gemmingen auf der Karlshöhe wurden 1990 gepflanzt. Einst war der ganze Berg eine Rebanlage, bis im 19. Jahrhundert die Villen den Platz beanspruchten. Bei den Stuttgartern kommt diese Kulturgutpflege offensichtlich gut an: Die Weinbaufachkräfte von Bernhard Nanz müssen die Trauben dort nie ausdünnen – die Spaziergänger sorgen schon für einen gewissen Goutierverlust.

Weingut Stadt Stuttgart
Sulzerrainstraße 24
70372 Stuttgart
Telefon 0711 – 2 16 71 40
www.stuttgart.de/weingut

Das schmeckt den Fantastischen Vier

DER NEWCOMER FRANK J. HALLER WILL EIN STADTWINZER SEIN

Wenn irgendwelche Metropolenmenschen Stuttgart in die Provinzecke stecken wollen, mache ich sie immer mit einer Statistik platt: Auf die Einwohner bezogen, hat unsere Stadt die höchste Clubdichte in der Republik. Dies mag ein urbaner Mythos sein, was mir aber egal ist. Bei uns tanzt der Bär mehr als in Berlin. Und wenn man den Leuten auf diese Weise reinen Wein einschenkt, könnte man eine Cuvée von Frank J. Haller auf den Tisch stellen. Sie heißt 0711 und ist 2009 beim Wasen-Open-Air der Fantastischen Vier im VIP-Zelt groß herausgekommen. Die Hip-Hopper

Frank J. Haller: Garagenwinzer mit Ambitionen

hatte der Stuttgarter Wengerter 1991 noch im Alten Schützenhaus in Heslach bei einem Konzert erlebt, am Anfang ihrer Karriere. Dass zum Start in seine Selbstständigkeit sein Wein dort ausgeschenkt wurde, war für ihn eine Ehre.

„In meiner Familie gibt es keinen Weinbau seit 1400", sagt Frank J. Haller, „ich bin der Erste." Statt in einem geerbten Fachwerkhaus ist sein Weingut in einer ehemaligen Gärtnerei Baujahr 1964 untergebracht. Sein Keller ist eine 40 Quadratmeter große Garage, viele Gerätschaften sind fahrbar; zum Platzsparen. Im Hin-

tergrund rattert die S-Bahn über die Gleise, denn neben dem Haus befindet sich die Haltestelle Sommerrain. Frank J. Haller hat sich bewusst dafür entschieden, Stadtwinzer zu sein. 2007 legte er bei null los; eine dreijährige Anlaufzeit räumte er sich ein. Mittlerweile bewirtschaftet er 3,5 Hektar, unter anderem am Cannstatter Zuckerle und am Stuttgarter Kriegsberg hinter dem Katharinenhospital. Die Innenstadtlage findet er „ziemlich cool" – als Grillplatz mit sensationellem Blick über Stuttgart und weil seiner Meinung nach viel Potenzial drinsteckt.

Über einen Umweg ist Frank J. Haller Wengerter geworden. Zunächst absolvierte er eine Lehre zum Hotelfachmann. Sein Chef brachte ihn aber mit einem gut sortierten Weinkeller auf einen anderen Geschmack. „Ich habe auch einen Hang nach draußen", sagt er. Eine Winzerlehre beim Stettener Altmeister Hans Haidle folgte deshalb und die Ausbildung zum Weinbautechniker. Bei Haidle war der 1970 geborene Stuttgarter danach sechs Jahre lang als Kellermeister tätig. Im März 2007 eröffnete er seinen Mikrobetrieb. „Ich musste die Chance nutzen", sagt er. Die Weinberge in den Terrassenlagen am Neckar wurden ihm angeboten, die konnte er nicht ablehnen. Im Cannstatter Römerkastell bezog er damals einen schicken Laden, und den Wein baute er als Untermieter beim Kollegen Jochen Beurer im Remstal aus. 2010 war dann sein Jahr der Veränderungen. „Entweder in Schönheit sterben oder etwas tun", sagte er sich und führte Produktion und Verkauf in Sommerrain zusammen.

Frank J. Hallers Unternehmung ist ziemlich mutig. Wein zu machen ist das eine, ihn an den Mann oder die Frau zu bringen, eine ganz andere Sache. „Qualität lässt sich verkaufen", ist jedoch seine Überzeugung. Seine rote Palette reicht vom Trollinger über den Spätburgunder und seine Lieblingsrebe Lemberger bis hin zum Zweigelt. Am Kriegsberg wächst Cabernet Franc. Bei den Weißen freut sich der Stuttgar-

Szenewein: eine Cuvée fürs Open-Air auf dem Wasen

ter besonders: Der Paradewein ist ein Riesling vom Cannstatter Zuckerle. Einen Silvaner hat er noch im Programm und eben die Cuvée 0711. „Es ist brutal, wie das läuft"; sagt er über seine weiße Mischung, die die Telefonvorwahl der Landeshauptstadt als Name trägt. Damit lässt sich wunderbar auf die Vorzüge Stuttgarts anstoßen. Zum Beispiel den, die Partyhauptstadt Deutschlands zu sein.

Weingut Frank J. Haller
Masurenstraße 60
70374 Stuttgart-Sommerrain
Telefon 0711 – 51 88 27 10
www.weingutfrankjhaller.de

Mit einer Signalfarbe in die Selbstständigkeit

KLAUS-DIETER WARTH SETZT AUF ORANGE
UND SEINEN IDEENREICHTUM

In den 1970er Jahren war ich Kind – als vermeintlich normale Menschen wild gemusterte Tapeten an die Wand klebten, die heute aus Tierschutzgründen in keiner Hundehütte erlaubt wären. Unsere Küche war

Orientierung in der Geschmacksvielfalt

Zwei Weinkritiker geben bundesweit den Ton an bei der Bewertung der deutschen Weingüter: Joel B. Payne und Gerhard Eichelmann. Der Brite Payne verantwortet die deutsche Ausgabe des Gault Millau. Hinter dem ungewöhnlichen Namen stecken die Journalisten Henri Gault und Christian Millau, die bei einer Pariser Abendzeitung arbeiteten und einen Restaurantführer entwickelten. Der Gault Millau Wein Guide für Deutschland erscheint seit 1993. Dafür werden jedes Jahr viele Tausende Weine verkostet – von fast 1000 Erzeugern. Diese Aufgabe erledigt Joel B. Payne nicht alleine, 19 Verkoster treffen eine Vorauswahl. Für Württemberg ist der Master Sommelier Frank Kämmer zuständig. In der Ausgabe 2012 werden 900 Betriebe aus den 13 deutschen Anbaugebieten ausführlicher beschrieben.

Ein Vergleich im Bereich Württemberg mit Gerhard Eichelmanns Bewertungen zeigt, dass bei den Weinkritikern eine gewisse Übereinstimmung herrscht. Ihrer Meinung nach überragt der Kappelberg die Region: Beide sehen die Fellbacher Weinmacher Aldinger und Schnaitmann an der Spitze des Anbaugebiets. Gerhard Eichelmann, der als Einzelkämpfer unterwegs ist und für sein Buch jedes Jahr fast 1000 Weingüter und 10 000 Weine durchprobiert, ist wohl etwas weniger streng als der Gault Millau und würdigt die Anstrengungen der Weinmacher etwas schneller. Der Gault Millau hat 40 Weinproduzenten ausgezeichnet, Eichelmann fast 60. Ein gutes Beispiel sind dafür die Weingärtner Bad Cannstatt: Die Genossen, die beim Deutschen Rotweinpreis schon zwei Mal erfolgreich waren, erzielen beim Eichelmann zwei Sterne, tauchen aber im Gault Millau nicht auf.

orange, und im Wohnzimmer hingen grüne Samtvorhänge. Bei mir lösen diese Farben immer noch ein wohliges Gefühl aus. Als ich bei einer Präsentation von Stuttgarts besten Weinen den Stand von Klaus-Dieter Warth gesehen habe, war ich begeistert: alles orange, inklusive der Etiketten auf den Flaschen. Der Untertürkheimer Warth ist Jahrgang 1968, also ebenfalls in der Zeit der schrillen Farben aufgewachsen. Im Weingeschäft bedeutet dies, dass er relativ jung ist. Und wie die meisten jungen Wengerter, geht er seine Sache mit Elan und Ehrgeiz an.

Ende 2007 hat sich Klaus Dieter Warth von den Untertürkheimer Genossen losgesagt. Zu dem Zeitpunkt führte er den Betrieb bereits seit fast zehn Jahren. Gelernt hatte er beim Weingut Salwey in Baden und beim Grafen von Bentzel-Sturmfeder im Unterland, danach folgte der Technikerabschluss in Weinsberg. Weinbau wird bei den Warths seit Ewigkeiten gepflegt: Bartholomäus hieß der Urahn, der 1657 in Untertürkheim als Erster den Beruf des Weingärtners ausübte. Eingesessen sind sie also. Klaus Dieter Warths Vater war einige Jahre Vorstand der Untertürkheimer Genossen. Sein Sohn vermarktet nun die eine Hälfte der 8,5 Hektar selbst und liefert die andere Hälfte bei anderen Weingütern ab. „Ich genieße es, zu machen, was ich will", sagt er über die Selbstständigkeit. „Ich kann sofort alles umsetzen."

Ideen hat Klaus Dieter Warth ziemlich viele. An der Württembergstraße, die von Untertürkheim nach Rotenberg führt, liegt das Weingut. Damit die Leute an der richtigen Stelle abbiegen, parkt Klaus Dieter Warth gerne seinen Unimog am Straßenrand. Das Fahrzeug trägt sein orangefarbenes Logo mitsamt Stern aus dem Wappen von Untertürkheim. Der Uni-

Klaus-Dieter Warth: Beim
Hoffest wird dem Wengerter
die Bude eingerannt

mog wiederum ziert das Etikett eines Weins – und der verkauft sich hervorragend im Gaggenauer Unimog-Museum. Eine andere Idee ist sein Gaisburger Wein. Die Flächen des Betriebs sind über ein paar Stuttgarter Stadtteile verteilt. Neben Untertürkheim wachsen seine Reben auch in Rotenberg, Wangen, Gaisburg, Bad Cannstatt und Steinhaldenfeld. Die Trauben aus Gaisburg baut Klaus Dieter Warth extra aus. „Die dortigen Wirte sind begeistert", erzählt er, „ich bin der Einzige, der einen Wein aus dieser Lage anbietet."

Auf Tradition legt Klaus Dieter Warth großen Wert. Den Trollinger hat er zu seinem Spitzenwein erklärt; er trägt den Namen des Vorfahren Bartholomäus. Klassisch in seinem Sortiment sind auch Lemberger, Spätburgunder und Riesling. Modern ist seine Herangehensweise, wegen der es im Weingut schon mal zu lautstarken Auseinandersetzungen mit seinem Vater kam, weil der Sohn keine gewaltigen Erträge mehr aus dem Weinberg holen, sondern die Qualität verbessern will. Gleichzeitig ist er experimentierfreudig und legt einen Schwerpunkt auf pilzresistente Sorten wie Regent, Cabernet blanc und Muscaris, um seltener spritzen zu müssen. „Ich will kein elitäres Weingut sein, aber auch kein billiges", fasst er seinen An-

spruch zusammen. Ein Senkrechtstart in die Selbstständigkeit ist nicht sein Ziel gewesen. Aber sein Weg kommt offenbar an: Bislang sei er hauptsächlich durch Mund-zu-Mund-Propaganda an seine Kundschaft gekommen, erzählt der Untertürkheimer zufrieden.

Vermutlich liegt der Erfolg auch an seiner auffälligen Farbwahl, die wohl nicht nur bei den Kindern der 1970er Jahre aufs Unterbewusstsein wirkt. „Ich wollte etwas Anderes, Besonderes", sagt Klaus Dieter Warth. Ein Jahr lang probierte er herum und landete schließlich bei Orange. Erst im Nachhinein nahm er ein Buch über Farbpsychologie zur Hand – und wurde angenehm überrascht. Orange steht für Harmonie, Ehrlichkeit, Freundlichkeit und natürlich für die Sonne, stand darin. „Das sind alles Sachen, die gut zu mir passen", findet Klaus Dieter Warth.

Weingut Warth
Klaus Dieter Warth
Württembergstraße 120
70327 Stuttgart-Untertürkheim
Telefon 0711 – 3 04 05 10
www.warthwein.de

Zwei Dörfer in der Stadt

Die Weingärtnergenossenschaft Rohracker in einer sympathischen Sackgasse

Dass Stuttgart trotz allem Großstädtischem irgendwie ein Dorf ist, lässt sich vor allem in den Vororten nicht leugnen. Zum Beispiel in Hofen oder in Rohr. Und in Rohracker. „Natürlich sind wir ein Kaff, das fast niemand kennt. Weder so noch im Weinbau", sagt Dennis Keifer, der dort aufgewachsen ist. Rohracker liegt in einer Sackgasse. Die meisten Stuttgarter fahren daran vorbei, wenn sie über Hedelfingen einen Schleichweg auf die Filder nehmen, den Speidelweg. In das Dorf selbst kommen außer den rund 3400 Einwohnern wohl nur der Postbote und die Müllabfuhr. Dabei ist das Tal unterhalb des Fernsehturms mit seinen Steillagen sehr hübsch, dort befindet sich auch eine äußerst sympathische Genossenschaft. Dennis Keifer, Jahrgang 1983, ist deren Aufsichtsratsvorsitzender.

Acht Hektar bewirtschaften die 30 Nebenerwerbswengerter – mit erstaunlichen Ergebnissen. Vor allem, seit der Nachwuchs mitmischt. Zum Beispiel der junge Aufsichtsratchef, der sich bei Hans-Peter Wöhrwag und dem Fellbacher Rainer Schnaitmann zum Winzer ausbilden ließ, bevor er in Hohenheim Betriebswirtschaftslehre studierte. Oder sein Nachbar Alexander Lung, Jahrgang 1981, der elf Ar Rieslingreben pflegt, im WG-Vorstand sitzt und im IT-Bereich arbeitet. „Ich hatte nie etwas mit Wein zu tun, es hat

Dennis Keifer, Alexander Lung und Edgar Veith (von links): Rohracker Genossen im Nebenerwerb

mich aber immer mehr gejuckt", sagt er. Die Jungen sind auf solche Ideen gekommen wie den Seggl, einen Trollinger-Rosé-Secco, oder den alkoholfreien Trollinger-Traubensaft aus der Pappbox, die rote Cuvée Fass und das weiße Pendant Bix, die mit viel Frucht und einem coolen Etikett die Jugend ansprechen sollen.

100 Jahre hat die 1919 gegründete Genossenschaft bald auf dem Buckel. Einst bestand das bevorzugte Rohracker Einkommensmodell aus einem Erdbeeracker, einem Weinberg und einer Stelle beim Daimler. Heute sei es betriebswirtschaftlich nicht nachvollziehbar, sich Reben zuzulegen, sagt der WG-Vorsitzende Edgar Veith (Jahrgang 1968). „Bis in die 1990er Jahre war im Weinberg auch tote Hose." Aber jetzt ist die Arbeit wieder in – als Hobby. Davon zeugen neben den Jungen ein paar Quereinsteiger, ein Rechtsanwalt etwa und ein pensionierter Malermeister. Spaß machen soll die Freizeitbeschäftigung, und deshalb helfen sich die Genossen gegenseitig.

Es lohnt sich, findet Edgar Veith, „traumhaft" nennt er die Rohracker Lage Lenzenberg. An den Südhängen gedeihen sogar Kiwis. Dennis Keifer achtet darauf, dass im Weinberg moderner gearbeitet, der Er-

trag reduziert wird. „Früher gab es in Rohracker nicht einmal den Gedanken an ein Holzfass", erzählt er. Ausgebaut wird der Tropfen zwar seit 1970 bei der Weingärtner-Zentralgenossenschaft in Möglingen, aber die Genossen aus Rohracker reden dabei viel mit. Ihren Spitzenwein, die rote Cuvée R² aus Spätburgunder und Lemberger, lassen sie neun Monate im Barrique reifen. „Wir haben die Qualität immens gesteigert", sagt Dennis Keifer, „das sagen auch meine Lehrherren." Damit diese Tatsache jenseits des Dorfs bekannt wird, präsentieren die Wengerter ihre Weine auf Messen. Zumal solche Auftritte ganz schön motivierend sein können: Bei der Veranstaltung Stuttgarts beste Weine waren zwei Damen der Meinung, der Rohracker Lemberger schmecke so spitze wie einer vom Aldinger, dem besten württembergischen Weinmacher. Ein Abstecher in die Sackgasse lohnt sich also.

Weingärtnergenossenschaft Rohracker
Sillenbucher Straße 10
70329 Stuttgart
Telefon 0711 – 6 75 93 23
www.wg-rohracker.de

Die Weingärtnergenossenschaft Hedelfingen und ihr Garagenmodell

In Hedelfingen gibt es den Wein aus der Garage. Dass es sich deshalb automatisch um einen Garagenwein handelt, würde die Erwartungen an die Genossen aus dem Stuttgarter Stadtteil allerdings etwas zu hoch schrauben. Garagenweine sind Tüftlerweine, die so heißen, weil Steve Jobs sein Apple-Imperium ja einst auch in der Garage begründete. Wenig Ertrag, höchstmögliche Reife, neue Holzfässer und noch ein paar Tricks sollen edle Tropfen ergeben. Meistens sind es Unternehmer oder Wohlhabende, die sich allein zum Angeben ein solches Miniweingut leisten. Sie bringen einen begehrten Garagenwein hervor, den sich der Normalsterbliche kaum leisten kann.

Die Weingärtner in Hedelfingen sind dagegen total bodenständig. Ihr Wein wird in der Weingärtner-Zentralgenossenschaft in Möglingen gemacht. Verkauft wird er donnerstags zwischen 20 und 21 Uhr in der Kelter. Wer aber zu einer anderen Zeit kommt, für den öffnet Wilhelm Haidle halt die Garage. Riesling gibt es, Müller-Thurgau, Lemberger und natürlich Trollinger, mehr als die Hälfte davon halbtrocken ausgebaut. Wilhelm Haidle stellt gleich klar: Der meiste Hedelfinger Wein werde in Hedelfingen getrunken, wobei er stets „Hädelfingen" sagt. Der Absatz ist gut, weil die meisten Wirtschaften im Ort den Wein ausschenken. Einen Ausreißer gibt es, denn einer dieser

Alexander Eisele: Rohracker Wochenendwengerter

Wirte ist nach Spaichingen gezogen und hat den Hedelfinger Tropfen mitgenommen. Aber in die Stuttgarter Innenstadt komme der Wein selten, sagt Wilhelm Haidle. Das ist eigentlich schade, denn erstens ist er recht günstig, zweitens auf alle Fälle besser als die billigen Supermarkttropfen und drittens echte schwäbische Handarbeit.

Zehn Hektar bewirtschaften die Genossen und von den 23 Mitgliedern liefern 17 Trauben ab. Erst seit 1955 machen sie gemeinsame Sache. Vorher machte jeder seinen eigenen Wein. „Wir sind eigen, solche Knauzen", sagt Alexander Eisele, der im WG-Vorstand und Jahrgang 1952 ist, und lacht. Traditionalisten seien sie außerdem. Nur in der Lage Pfaffenklinge reduzieren sie den Ertrag, bauen den Wein dann trocken aus und stecken ihn ins Holzfass. Mehr als vier, fünf Euro wollen die Hedelfinger pro Flasche ansonsten nicht verlangen, sie sind mit Qualitätswein zufrieden, so schmeckt er ihnen auch am besten. Ein Mitglied hat allerdings Merlot angebaut, der will ein bisschen auf die jüngere Schiene. „Das hätte mein Vater nie erlaubt", sagt Alexander Eisele, „da gehört Trollinger hin." Und er selbst könne auch nur anbauen, was ihm

schmecke: Trollinger, klar, und Riesling. Die terrassierten Steillagen der Hedelfinger wirken wie maniküt, die Reben sind tadellos geschnitten, die Trockenmauern sehen aus wie frisch aufgebaut. „Wir schauen, dass wir es hegen und pflegen", sagt Alexander Eisele. Für ihn sind seine geerbten 25 Ar ein Ausgleich zu seinem Job als Beamter im gehobenen technischen EDV-Dienst. Mit seinem Traktor, Baujahr 1962, rattert er am Wochenende die Steillage hinauf, der Aufkleber auf dem Kühler verkündet: „Kenner trinken Württemberger".

So scheint es den anderen auch zu gehen; in Hedelfingen sind alle Rebflächen vergeben. Ein Problem gibt es allerdings: Die Wengerter sind 50 Jahre alt und aufwärts, und Nachfolger sind momentan nicht in Sicht. „Wir können nicht ewig das gallische Dorf machen", sagt Alexander Eisele und lacht.

Weingärtnergenossenschaft Hedelfingen
Lonseerstraße 12
70329 Stuttgart
Telefon 0711 – 4 20 23 99
www.wg-hedelfingen.de

Nebenerwerbsromantik am Scharrenberg

Einen Termin im Jahr sollten Stuttgarter Weinfreunde auf keinen Fall verpassen. Nein, dabei handelt es sich nicht um das Weindorf, das sowieso unumgänglich ist. Ich empfehle die Wandernde Weinprobe auf dem Degerlocher Scharrenberg. Um dorthin zu gelangen, muss man hinter dem Neubau des Marienhospitals aus der Stadt hinaus den Schimmelhüttenweg hinaufsteigen. Die Tour ist rund ums Jahr reizvoll und Teil des Stuttgarter Weinwanderwegs. Sie lohnt sich aber besonders am dritten Sonntag im September, an dem die Degerlocher Wengerter zwischen den Reben ihre Stände aufbauen und neben ihren Weinen auch Wegzehrung servieren.

Der Scharrenberg ist 420 Meter hoch und steht als Denkmal der schwäbischen Weinbaukultur unter Landschaftsschutz. In den etwa vier Hektar umfassenden terrassierten Steillagen können die Weingärtner nur von Hand schaffen. Und das tun sie dort schon mindestens seit dem Mittelalter. In dieser Zeit diente der Schimmelhüttenweg auch als kürzeste Verbindung zwischen Stuttgart-Heslach und Degerloch. Noch romantischer wird der Weg durch seinen Namen, den er von einem weißen Pferd hat. Angeblich soll in der einsamen Hütte einst ein Gespensterschimmel gespukt haben. Die bis zu vier Meter hohen Stützmauern aus Stubensandstein gelten als etwas Einmaliges: Die Besitzer haben darin mit Reliefs ihr Eigentum für die Ewigkeit markiert, außerdem wurden vereinzelt auch hübsche Steine von Gebäuden wiederverwendet.

Die Vereinigung der Weingärtner und Freunde des Schimmelhüttenweges Degerloch pflegt die ländliche Idylle am Rand der Großstadt. Der Scharrenberg werde von Kennern auch als „unser Südtirol" bezeichnet, schreiben sie auf ihrer Internetseite unter www.degerlocher-wengerter.de.

Acht Nebenerwerbswengerter und Besenwirte kultivieren am Scharrenberg ihre Weine. Als Besucher darf man einen Fehler übrigens niemals machen – die Arbeit in den Reben als Hobby zu bezeichnen.

Exot am Stadtrand: die Lage Degerlocher Scharrenberg

Der Revoluzzer Bernd Kreis baut inzwischen Trollinger an

Anarchie! Das ganze Land im Aufruhr! Ausgerechnet den Trollinger machte Bernd Kreis als Problem des württembergischen Weinbaus aus. Das Nationalgetränk der Schwaben! Die Wengerter-Seele kochte, man wollte dem Nestbeschmutzer an den Kragen. Der Widerspenstige überlebte – und hat mit seiner Brandrede seinen Teil dazu beigetragen, dass sich die Württemberger seither so positiv entwickelt haben. „Die Premium-Trollinger, die es heute gibt, sind eine Reaktion auf diese legendäre Diskussion", sagt er selbstbewusst. Und ein netter Nebenaspekt der Geschichte ist, dass der Revoluzzer selbst Trollinger anbaut. Am Degerlocher Scharrenberg bewirtschaftet er 20 Ar. Das Stückle ist ein Überbleibsel aus seiner Zeit als Spitzensommelier. Bei Vincent Klink arbeitete er damals, und der Sternekoch stellte viele Zutaten selbst

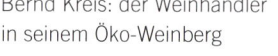

Bernd Kreis: der Weinhändler in seinem Öko-Weinberg

her, zog zum Beispiel Kräuter heran. So kam die Idee auf, dieses Prinzip auch auf den Wein zu übertragen. Klink pachtete 1994 den Weinberg, sein Sommelier bewirtschaftete ihn. „Ich habe meinen Beruf sehr ernst genommen und Fachbücher gelesen, um zu wissen, wie das Weinmachen funktioniert", erklärt er seine Weinbaukenntnisse. Als er 2001 den Job wechselte und Weinhändler wurde, übernahm er die Reben. Mittlerweile kultiviert er dort auch Cabernet Franc und Sauvignon blanc.

„Es ist wie Urlaub auf dem Land hier", sagt Bernd Kreis über den Scharrenberg. Von seinem Weinberg aus ist die Stadt nicht zu sehen – und darüber ist er auch froh. Majoran wächst unterhalb der Reben, Salbei und Pimpinelle („Ganz wichtig für grüne Soße", erklärt der 1963 geborene Hesse), alle möglichen Arten von Bienen, Marienkäfer und auch allerlei Ungeziefer fliegt und kriecht umher. 1996 stellte Bernd Kreis auf ökologische Bewirtschaftung um. Er will guten Wein machen, durch gute Arbeit im Weinberg. Ausgebaut wird er im Keller von Gert Aldinger in Fellbach. Keine Zusätze, außer ein bisschen Schwefel, und keine Manipulation sind dabei seine Regeln.

Seinen Wein verkauft Bernd Kreis quasi unterm Ladentisch in seinen beiden Stuttgarter Geschäften. Er ist meist kurz nach der Abfüllung ausverkauft. Dass er über Trollinger nicht nur schimpfen kann, sondern auch weiß, wie man guten macht, hat er bewiesen: Sein Degerlocher Tropfen hat schon den Trollinger-Wettbewerb gewonnen. Er setzt auf die Stärken der Rebe: Fruchtig ist sie, mit deutlichen Erdbeeraromen. Hinten raus zeigt sich aber, dass Trollinger durchaus ein richtiger Wein mit einem kräftigen Abgang sein kann. Natürlich ist er außerdem ein Schickimicki-Stuttgartwein, seine Etiketten ändert Bernd Kreis zum Beispiel ständig. Einmal war auf der Trollinger-Flasche das A im Wort Scharrenberg mit einem Kreis umkringelt. Anarchie!

Weinhandlung Kreis
Böheimstraße 43
70199 Stuttgart
Telefon 0711 – 76 28 39
www.wein-kreis.de

Weinbau Knobloch-Wolfrum – wenig Erfahrung, brennender Ehrgeiz

Der Einfluss von Bernd Kreis am Scharrenberg reicht mindestens bis zu den Wolfrums hinüber. „Der Wein wird im Weinberg gemacht, nicht im Keller", finden auch sie. Und sie verzichten auf ihren 50 Ar auf Herbizide und Insektizide. Erstaunlich für so einen kleinen Betrieb ist außerdem, dass Thomas und Barbara Wolfrum den Wein selbst im eigenen Keller machen und abfüllen. Dabei gehen sie eigene Wege: Ihre Tropfen lassen sie konsequent durchgären, bis kaum noch oder gar kein Restzucker mehr übrig bleibt. Eigenwillige Weine entstehen auf diese Weise.

Der Trollinger aus dem Kleinstbetrieb ist tatsächlich bei der Qualitätsweinprüfung zweimal durchgefallen – weil der rebsortentypische Geschmack nicht vorhanden war. Dabei ist er richtig gut. Merlot und Heroldrebe bauen die Wolfrums außerdem noch an und seit neuestem auch Sauvignon blanc. „Wir haben zwar den Beruf des Weingärtners und des Küfers nicht gelernt", schreiben sie auf ihrer Internetseite, „wir haben aber langjährige Erfahrung und einen brennenden Ehrgeiz." Und sie suchen ständig den Rat von Experten. Die Reben sind ein Erbstück: Sie stammen aus der Familie von Barbara Wolfrum, geborene Knobloch. Ihre Mutter Marta hatte sie wiederum von ihrem Vater Friedrich Gohl übernommen, und Gohl ist ein Name, der bei den Degerlocher Weingärtnern häufiger vorkommt. Der Weinbau hatte offenbar einen hohen Stellenwert in der Familie, denn Marta Knobloch war auch die erste württembergische Weinkönigin nach dem Krieg. Einen klassischen Mischbetrieb hatten die Knoblochs in der Degerlocher Ortsmitte. Heute kommen in dem Gebäude Tradition und Moderne zusammen, was typisch für Stuttgart ist. Einst war es ein Bauernhof, nun ist in den aufwendig umgebauten Kuhstall ein Architekturbüro eingezogen. Thomas Wolfrum wiederum unterrichtet im Hauptberuf Betriebswirtschaftslehre an der Berufsschule. Bei allem Fortschritt bleibt der Schwabe eben bodenständig – und schafft sein Stückle im Nebenerwerb.

Weinbau Knobloch-Wolfrum
Große Falterstraße 23
70597 Stuttgart-Degerloch
Telefon 0711 – 7 65 67 45
weinbau-knobloch-wolfrum.de

Im Wohnzimmer der Wengerter

EINKEHREN IN STUTTGARTER BESEN

Eigentlich sind sie aus der Not geboren, die Besen-wirtschaften. Rund 300 solcher Einkehrstuben soll es in der Region Stuttgart noch immer geben. Im eigenen Haus dürfen Wengerter an 16 Wochen im Jahr ihren selbst produzierten Wein sowie einfache Speisen servieren: für die Wirte auf Zeit zumeist ein einträgliches Geschäft. Für ihre Vorfahren bedeutete der Weinausschank ein Zubrot zu ihrem sonst kargen Verdienst. Im Mittelalter und bis ins 19. Jahrhundert lag der Weinhandel in den Händen der Feudalherren und des Bürgertums, die Weingärtner waren reine Traubenproduzenten, mussten viele Abgaben leisten und durften beziehungsweise konnten nur wenig und nur minderwertigen Most behalten. Immerhin war es ihnen erlaubt, den Tropfen auszuschenken. Ihre Schankstätten markierten sie durch ausgehängte Kränze, Äste oder eben Besen.

Die Besenwirtschaften waren im 16. Jahrhundert in Württemberg so stark verbreitet, dass die Berufswir-te von Herzog Christoph mehr Schutz für ihr Gewerbe forderten. Der beschränkte daraufhin die Menge der Besen und des Weinausschanks. In Heilbronn ist ein entsprechendes städtisches Dekret aus dem Jahr 1613 bekannt, das den Besen- und Gassenwirten nur erlaubt „nichts anderes zu kochen denn hering pra-ten", um den anderen Wirten keine Konkurrenz zu machen. Aus Stuttgart ist die Geschichte des Schul-meisters Johann Jakob Stöckle überliefert, der 1710 eine Gaisburger Bürgerstochter heiratete, die Wein-berge in die Ehe brachte. Oben im Haus unterrich-tete er die Kinder, in der unteren Stube schenkte er Wein aus. Als ihm schließlich der Ausschank ver-boten wurde, gab er sein Lehramt auf und wurde Schultheiß. Dabei war er nicht der einzige Lehrer in Stuttgart mit dieser Art Nebenverdienst. Weil die arme Bevölkerung das Schulgeld nicht aufbringen konnte, bezahlte sie mit Wein – und den servierten die Schulmeister dann in ihrer Wohnstube.

In Württemberg wurden im 19. Jahrhundert sogar bis zu 5000 Besenwirtschaften gezählt. Erst als sich die Weingärtner zu Genossenschaften zusammentaten, verlor der heimische Ausschank an wirtschaftlicher

Bedeutung. Und irgendwann bestanden die Kooperativen sowieso darauf, dass ihre Mitglieder den gesamten Ertrag ablieferten.

Die Besenwirtschaften sind deshalb heute die Domäne der kleinen Selbstvermarkter. Und sie schenken längst nicht mehr minderwertigen Wein aus. In so manchem Betrieb kann man jetzt auch Probiergläschen bestellen und sich so durch die Karte trinken. Allerdings wird man dann von den anderen Besuchern mitunter komisch angeschaut. Erst ein Viertele ist für einen eingefleischten Besenfan eine ordentliche Sache. Besenwirtschaften sind in gewisser Weise exotische Orte. Dort gelten jedenfalls andere Gesetze als in gewöhnlichen Kneipen. Wildfremde Menschen hocken dicht gedrängt am Tisch, weil der Wirt dafür sorgt, dass seine nur wochenweise geöffnete Hütte maximal befüllt wird. Die Leute haben gar keine andere Wahl: Sie schwätzen miteinander! Einmal erzählte mir ein Nebensitzer lauter nette Geschichten. Zum Beispiel, dass er sich seinen Alterswohnsitz nach der Lage der Besenwirtschaften ausgesucht habe. Mehr als ein Dutzend könne er zu Fuß von Sommerrain aus erreichen. Getrunken hat er natürlich Trollinger, mit dem passenden Spruch auf den Lippen: „Trollinger in Maßen genossen, kann auch in großer Menge nicht schaden."

Klassisch: das württembergische Henkelglas zum Viertelesschlotzen

Besenwirtschaft Ruoff:
filmreife Kulisse
in Obertürkheim

Der Tatort-Besen

Manchmal ist es der Ort, der einen verzaubert. Dieses kleine Fachwerkhaus mitten in Obertürkheim ist so einer. Vor ungefähr 500 Jahren wurde dieses Gebäude dort hingestellt. Mit seinem Innenhof und den Weinbergen im Hintergrund sieht es nach perfekter Idylle aus. Genau das haben auch die Tatort-Macher des Südwestrundfunks gedacht. Der letzte Krimi mit Kommissar Bienzle wurde hier gedreht: Tod im Weinberg. Mit der Fiktion hat die Realität allerdings wenig zu tun. Die Wengerter in Obertürkheim bringen sich weder gegenseitig um, noch tötet der Genuss des Weins. Das hübsche Fachwerkhaus kann man sich also durchaus auch von innen anschauen. Die Besenwirtschaft bietet ebenfalls eine filmreife Kulisse. Alles schaut so aus wie vor 50 Jahren, als die Eltern von Tilmann Ruoff diesen Besen eröffnet haben. An der Wand steht ein netter Spruch: „Trübe Zeiten werden heller, trinkst du Wein aus meinem Keller." Nur 40 Sitzplätze gibt es in dem ehemaligen Wohnzimmer von Lotte und Karl Ruoff. Es geht also gemütlich zu.

Und der Wein von Tilmann Ruoff ist definitiv keine Besen-Plörre. 1993 übernahm der Sohn (Jahrgang 1967). Er macht in seinem 2,5 Hektar kleinen Betrieb zwar keine erstklassigen Tropfen, dafür aber ehrliche. Das Adjektiv rustikal passt ganz gut zu diesem schwäbischen Weinbaumeister und zu seinem Tatort. Er hat das klassische Programm zu bieten – und zwei interessante Ausreißer. Sein Grauburgunder kommt so gut an, dass er schnell ausverkauft ist. Und sein Merlot ist eine Art Urlaubsmitbringsel: „Den habe ich für mein Leben gerne in Italien getrunken", erzählt Tilmann Ruoff. Inzwischen macht er ihn einfach selbst.

Tilmann Ruoff
Weinbau und Besenwirtschaft
Uhlbacher Straße 31
70329 Stuttgart-Obertürkheim
Telefon 0711 – 32 29 92
www.weinbau-ruoff.de

Der Toskana-Besen

Es ist zwar großartig, dass Stuttgart über den Flughafen mit der Welt verbunden ist. Und dass wir eines Tages das Herz Europas sein sollen, falls die Züge jemals in diesem 21. Jahrhundert blitzschnell unter Stuttgart durchrauschen. Aber nicht jedes Jahr reicht das Geld für eine große Reise – und dann bleibt man eben daheim. Stuttgarts Qualitäten sind äußerst vielseitig – sogar Straßenfluchten wie in San Francisco hat die Stadt zu bieten. Und die Toskana liegt gleich um die Ecke, nämlich in Rotenberg.

Die Reise nach Florenz kann man sich also sparen. Dorthin sind es 818 mürbe machende Kilometer, in die Württembergstraße 203 vom Stuttgart Schlossplatz aus nur elf. Dort befindet sich der Toskana-Besen, dem die Stammgäste seinen Namen gegeben haben, weil den Besuchern der Terrasse das Neckartal zu Füßen liegt, die Sonne vor aller Augen untergeht und das Lokal in den Sommerferien geöffnet ist. Gut, es gibt keinen Chianti. Die Brüder Rainer und Werner Diehl haben dafür einen Trollinger zu bieten, der auch nach Süden schmeckt.

Während sich Rainer Diehl um die 5,5-Hektar-Weinberge kümmert, macht sein Bruder Werner, der in Geisenheim studiert hat, den Kellermeister. Ihr Vater hatte sich 1972 selbstständig gemacht, und die Brüder übernahmen den Betrieb 1993. Den Trollinger keltert er aus 30 Jahre alten Reben, nur 40 bis 50 Liter vom Ar geben die Stöcke her. Der Wein liegt lange auf der Maische und wird im Holzfass ausgebaut. Pseudo-Traditionalisten, die Trollinger aus dem Edelstahltank gewohnt sind, werden damit nichts anfangen können. Dieser Trollinger ist ein richtiger Rotwein, der schmeckt nicht nach Erdbeere und Kirsche, sondern nach dunklen Beeren, hat Schmelz und verabschiedet sich mit Karamell. Leicht gekühlt entsteht dabei kein Fernweh.

Weingut Diehl
Württembergstraße 203
70327 Stuttgart-Rotenberg
Telefon 0711 – 33 40 51
www.weingut-diehl.com

Der Sonnen-Besen

Der Name Zaiß taucht in der Stuttgarter Weinszene gleich mehrfach auf, aber keiner ist so bekannt wie Konrad. Der Wengerter sitzt seit gefühlten 100 Jahren für die Freien Wähler im Stuttgarter Gemeinderat und verschafft sich spätestens dann immer lautstark Gehör, wenn es um das Thema Wein geht. Das ist gut, denn damit ist er immerhin in der Kommunalpolitik einer der Verfechter der städtischen Weinkultur. „Wein ist sein Leben, der Stadtrat seine Leidenschaft", steht auf seiner Homepage. Wofür er zum Beispiel seit Jahren eintritt, ist ein Haus des Weins in der Innenstadt, das Touristen wie Einheimischen die große Palette an vinologischen Produkten aus Stuttgart nahebringen könnte – bisher aber vergeblich.

Dafür hat sich Konrad Zaiß im Obertürkheimer Ortskern sozusagen sein eigenes Haus des Weins gebaut: für seine Wein- und Sektproduktion aus den rund elf Hektar Weinbergen und die große Besenwirtschaft. Der Sonnen-Besen hat immer von Ende Januar bis Mitte April geöffnet. Im August feiert Konrad Zaiß sein elftägiges Haus- und Hoffest mit Livemusik, Maultaschen, Kartoffelsalat und Kutteln in Trollinger-Soße und allen seinen Weinen.

Genau bei letzterer Gelegenheit habe ich das Sortiment des Weinguts durchprobiert. Und der Fortschritt lässt sich schmecken. Möglicherweise liegt es daran, dass im Betrieb inzwischen der Junior Christian Zaiß mitmischt. Er lernte, passend für ein Kind der Großstadt, in der neuen Welt, hat in Geisenheim und Kalifornien Önologie studiert. Mein Favorit ist die kleine Rotwein-Cuvée, die schön würzig in der Nase ist, eine wunderbare Frucht mitbringt und einen kräftigen Körper. Für unter zehn Euro gibt es in der Umgebung nicht viele Weine, die in dieser Liga mitspielen. Merlot, Lemberger und Cabernet ergeben eine internationale Cuvée mit schwäbischem Einschlag. Solche Weine werden heutzutage im Besen von Konrad Zaiß serviert.

Weingut Zaiß
Mörgelenstraße 24
70329 Stuttgart-Obertürkheim
Telefon 0711 – 32 42 82
www.zaiss.com

Der Feuerbach-Besen

Wenn man schon über eine solche Lage verfügt, dann muss es ja unbedingt Weinbau geben: Am Lemberg wachsen in Feuerbach die Reben. Fünf eher kleinere Betriebe erzeugen dort Wein. Einer davon hat das Zeug zu Größerem. Fabian Rajtschan heißt der junge Mann, Jahrgang 1986. Eine 1a-Ausbildung hat er zumindest vorzuweisen, ein Önologie-Studium an der Fachhochschule in Geisenheim und ein paar Praktika, sechs Monate war er zum Beispiel in Kalifornien beim Kultweingut Opus One. Dessen Tropfen sind so gut und begehrt, dass pro Flasche mehr als 200 Euro verlangt werden können. Der Feuerbacher müsste jetzt also wissen, wie man richtig guten Wein macht. Im Jahr 2011 hat er den elterlichen Betrieb übernommen, der vor allem unter seinem Besennamen bekannt ist: Dr' Emil besteht seit mehr als einem Vierteljahrhundert. Vater und Onkel haben die Kellerwirtschaft in der Schenkensteinstraße eingerichtet, zwei Mal im Jahr macht sie auf.

Seit sieben Generationen betreibt die Familie nun Weinbau, vermutlich hat aber noch keiner den Laden so runderneuert wie Fabian Rajtschan. Er will den Feuerbachern ein richtiges Weingut bieten und noch kräftig wachsen. Die Rebfläche hat er bereits um 0,6 auf 1,6 Hektar aufgestockt, und neben den Klassikern Trollinger, Lemberger, Riesling und Kerner schon internationale Sorten wie Cabernet Franc und Merlot gepflanzt. Sein Etikett verrät, welchen Stil er pflegen wird: modern, jung und frech. 70469R! heißt das Weingut nämlich. Die Postleitzahl von Feuerbach stand Pate. Denn Fabian Rajtschan ist ein Lokalpatriot. „Wir sind stolz, in Feuerbach zu sein", sagt er und stellt klar: „Wein aus Feuerbach? Ja, das geht: mit Liebe, Leidenschaft und guter Lage." Damit meint er die Südhänge des Lembergs. Schade nur, dass der Hügel nicht der Namensgeber für diese Rebsorte ist, das soll angeblich ein Ort entweder in der Untersteiermark oder in Niederösterreich sein.

Weingut Rajtschan:
vom Besen namens Dr' Emil
zum Weingut 70469R!

70469R!
Fabian Rajtschan
Schenkensteinstraße 20
70469 Stuttgart-Feuerbach
Telefon 0711 – 81 56 50
www.70469r.de

Der Traditions-Besen

Christian Wöhrwag und sein Vater Karl finden Werbung unnötig. Damit halten sie sich zwar nicht an die Gepflogenheiten der Branche. Andere Weingüter bezahlen Berater, schicken ihre Flaschen zu Wettbewerben, treten bei Messen auf, kümmern sich um ihr Image – die Wöhrwags sparen sich alles und sind trotzdem immer ausverkauft. Ihnen reicht die Mund-zu-Mund-Propaganda, die hauptsächlich über den Besen des Obertürkheimer Betriebs vonstattengeht. Und die funktioniert hervorragend.

Als ich in einer anderen Besenwirtschaft war, rühmte sich mein Tischnachbar seiner profunden Kenntnisse: Er sei in jeder Besenwirtschaft in Stuttgart gewesen. Und der beste Wein? Klar, den mache der Wöhrwag. Die Namensgleichheit mit dem prominenteren Betrieb von Hans-Peter Wöhrwag in Untertürkheim ist nicht zufällig. Die Familien sind verwandt, früher gehörten die Weingüter zusammen, in den 1980er Jahren trennten sich die Wege. Karl Wöhrwag produziert in Obertürkheim, er verfügt über für einen Be-

sen stattliche 7,5 Hektar. Am Ortsrand hat er 1994 ein neues Weingut gebaut, der Keller liegt auf Esslinger Gemarkung wie die meisten seiner Weinberge.

Seither ist auch sein in Weinsberg geschulter Sohn Christian, Jahrgang 1969, für den Ausbau zuständig. Seine Tropfen sind durchgängig sehr sauber und gut gemacht und äußerst günstig. Den Ertrag hat er auf 60 Liter vom Ar reduziert, und südliche Sorten wie den Merlot gibt es bei den Wöhrwags längst auch. Die Besen-Speisekarte ist dafür schön schwäbisch, wie es sich gehört. An oberster Stelle steht der Zwiebelrostbraten, ein hervorragendes Stück Fleisch mit saftiger Soße und Brot.

Weingut und Besenwirtschaft Wöhrwag
Inhaber Karl Wöhrwag
Klingenbachstraße 13
70329 Stuttgart-Obertürkheim
Telefon 0711 – 32 88 91
www.karl-woehrwag.de

Weingut Karl Wöhrwag:
gute Stimmung im
gemütlichen Besen

Der Stadt-Besen

In der Besenwirtschaft ist's gemütlich, aber selten schick oder sogar stylish. In Stuttgart ragt allerdings ein Lokal heraus. Es liegt an der Neuen Weinsteige, hat eine Schnapszahl als Hausnummer und eine glamouröse Vergangenheit: der Besen 66. Der Name ruft Erinnerungen an verruchte Geschichten wach. Denn einst war dort der Saunaclub 66 beheimatet, das legendäre Bordell von Moni Maus und Walli Bär. Statt Champagner werden heute in der Halbhöhenlage Trollinger und Riesling serviert. Die Modemacherin Sonja Marohn und ihr Lebensgefährte, der Bauunternehmer Milan Benadik, haben sich des geschichtsträchtigen Gemäuers angenommen. Bei der Renovierung buddelten die Arbeiter sogar eine Weinbergstaffel aus – vor den Saunaclub-Damen standen an dieser Stelle einst tatsächlich Reben.

Passend dazu hat sich Milan Benadik einen Weinberg am Degerlocher Scharrenberg und einen weiteren im Remstal zugelegt. Das Weinmachen lernte er an einer Weinbauschule in der Slowakei, berichtet seine Lebensgefährtin. Damit stand im Jahr 2006 der Eröffnung eines Stadt-Besens mit hervorragenden Aussichten nichts mehr im Weg. Sonja Marohn, die das Modemachen eingestellt hat, übernahm Service und Küche – nach dem Motto: „Man wächst an seinen Aufgaben". Der Laden läuft so gut, dass das Paar überlegt, eine Dauereinrichtung daraus zu machen. Sitzt man auf der Terrasse mit dem fruchtig-frischen, weiß gekelterten Trollinger im Glas, den Blick auf den Kessel gerichtet, schmeckt der Frühsommer in der Stadt richtig gut. So mancher Gast meinte: Wenn man die Augen schließt, hört sich der Autolärm von der Weinsteige fast wie Meeresrauschen an.

Besen 66
Milan Benadik
Neue Weinsteige 66
70180 Stuttgart
Telefon 0711 – 60 17 36 36
www.besen66.de

Der Ursprungs-Besen

Dass man wirklich in der guten Stube der Wengerter sitzen darf, kommt nur noch selten vor. Die meisten Besenwirte haben längst einen separaten Gastraum. Das Wohnzimmer in eine Kneipe zu verwandeln, ist eben aufwendig. Die Schailes in Kornwestheim scheuen diese Mühe nicht. Sie räumen zwei Mal im Jahr für jeweils drei Wochen ihr Wohnzimmer aus, stapeln die Sitzgarnitur ins Schlafzimmer und stellen stattdessen Tische und Bänke auf.

In den Ludwigsburger Stadtteilen Neckarweihingen und Poppenweiler besitzen Christa und Edgar Schaile Weinberge, Trollinger und Kerner und einen Rosé keltern sie aus den Trauben. Um die Jahrtausendwende beschlossen sie einfach, mehr aus ihrem Hobby zu machen. Anfangs kochte das Ehepaar das Sauerkraut mangels Platz noch auf dem Balkon, aber mittlerweile haben sie um eine Küche erweitert. Auf der Speisekarte stehen sonntags Maultaschen und Kartoffelsalat, donnerstags Schälripple – und ansonsten die üblichen Klassiker. In der recht weinfreien Zone Kornwestheim leisten die Schailes mit ihrem Besen einen großen Beitrag zur Steigerung der Gemütlichkeit. 40 Gäste passen in das Wohnzimmer, das in der Besenzeit immer gut besetzt ist.

Schailes Besen
Jägerstraße 56
70806 Kornwestheim
Telefon 0 71 54 – 34 89
www.schailesbesen.de

Fellbach

Fellbach ist schizophren: Es hat die Stuttgarter Telefonvorwahl, aber ein Doppelkennzeichen. Die Kreisstadt vor den Toren Stuttgarts ist das Tor zum Remstal. Trotzdem darbt sie kein Dasein als Durchgangsstation, dafür hat Fellbach zu viel zu bieten – vor allem guten Wein.

Ich kenne einen Handballer, der bringt das Dilemma des Fellbachers ganz gut auf den Punkt. Er ist in Fellbach aufgewachsen, respektive in Oeffingen. Das ist ein feiner Unterschied, die Entfernung zu Stuttgart ist bei beiden Orten dieselbe – sie kleben am Stuttgarter Ortsrand und sind eben doch Rems-Murr-Kreis. In Fellbach fahren die Menschen mit dem Autokennzeichen WN herum, haben aber die Telefonvorwahl 0711. In Fellbach ist auch das erste Kleinstadtkino gestorben und nie wieder auferstanden, weil die Fellba-

cher mit der Straßenbahn, der Linie 1 übrigens, in die Stadt gefahren sind. Fellbach ist eigentlich Stuttgart. Aber weil der damalige Oberbürgermeister Guntram Palm in der Gemeindereform Anfang der 1970er Jahre sehr schlau agierte, ist Fellbach nicht ein Teil Stuttgarts geworden, sondern hat noch Oeffingen und Schmiden dazuerhalten.

Der Fellbacher ist also ein gespaltenes Wesen. Wenn es ihm passt, verweist er sehr schnell auf seine eigene Herkunft: Große Kreisstadt! Eigenständig! Selbstbe-

Beste Lage: Oberhalb der Bundesstraße 14 wachsen am Kappelberg Trauben für preisgekrönte Weine

wusst! Wenn ihn sein ländlicher Minderwertigkeits-komplex plagt, dann ruft er schnell: Wir sind doch viel mehr Stuttgarter als viele Stuttgarter! Wir haben eine S-Bahn! Wir haben die erste Straßenbahn! Im Gegensatz zum Sillenbucher oder zum Weilimdorfer wohnen wir quasi in der Stadtmitte!

Kommen wir zurück zum Handballer. Dieser hat mit seinem Oeffinger Verein jahrelang im Bezirk Rems-Murr zum Handball gegriffen. Und wo immer seine Mannschaft aufgetaucht ist, wurde ihm von der eher ländlich strukturierten Bevölkerung zugerufen: „Jetzt kommen wieder die Schnösel aus der Stadt!" Damit lebte er ganz ordentlich, ein bisschen Feindbild kann ja niemand schaden. Bis er im zarten Alter von 32 Jahren plötzlich mit einer neuen Herausforderung konfrontiert worden ist. Die Handball-Bezirke wurden neu aufgeteilt – und Oeffingen landete in Stuttgart. Mit seiner Truppe von alten Herren fuhr dieser Oeffinger fortan also zu den Auswärtsspielen in die Landeshauptstadt, was angesichts der guten Anbindung mit öffentlichem Nahverkehr nicht so schlecht war. Er musste nicht mit seinem WN-Kennzeichen in die Stadt fahren. Aber was hörte er plötzlich in der Halle für Provokationen? „Ihr Bauerntrampel!"

Schizophren? Das Fellbacher Dilemma ist das der meisten Stuttgarter. Die Stadt ist manchmal Weltstadt. Aber oft auch Dorf. Meistens irgendwas dazwischen. Aber immer liebenswert. Was allerdings interessant ist: Beim Wein verweist der Fellbacher nicht auf die Landeshauptstadt. Immerhin wachsen hier auf 180 Hektar Reben, die 1906 erbaute Alte Kelter war einst die größte in Deutschland, und in Fellbach produzieren die beiden im Anbaugebiet am besten bewerteten Wengerter ihren Wein. Hier ist die zweitälteste Weingärtner-Genossenschaft aus Württemberg zu Hause. Fellbach mit dem Hausberg Kappelberg ist nach Stuttgart und Heilbronn die drittgrößte Weinbaugemeinde im Land. Beim Thema Wein herrscht hier ein gewaltiges Selbstbewusstsein. Mancher Fellbacher ist der Meinung: Die Straßenbahnlinie 1 wur-de nur gebaut, damit die Stuttgarter nach Fellbach zum Weinkaufen kommen können. Und zum Fellbacher Herbst. Das größte Wein- und Erntedankfest in Baden-Württemberg lockt immerhin bis zu 200 000 Besucher am zweiten Oktoberwochenende in die „Stadt der Weine und Kongresse", wie deren Marketing-Motto lautet. „Willst gesund und lange leben, musst du in Fellbach einen heben", erklärte schon der schlaue Bürgermeister Palm zur Eröffnung des Herbstes 1968. Aber vermutlich wird bei der Gelegenheit so mancher Stuttgarter den Fellbachern erklären, dass die Trauben für ihre besten Weine gar nicht auf Fellbacher Gemarkung gedeihen – sondern in Stuttgart. Untertürkheimer Gips und Uhlbacher Götzenberg heißen die Lagen für die Großen Gewächse von zwei Fellbacher Winzern.

Der König vom Kappelberg

GERT ALDINGER STEHT AN DER SPITZE WÜRTTEMBERGS

Die alten Eichenfässer sehen aus, als wären sie dort schon beim Bau des Fachwerkhauses in der Fellbacher Schmerstraße aufgestellt worden. Direkt daneben ist ein Ufo gelandet. Kopfschüttelnd geht Gert Aldinger auf das eiförmige Betonding und seinen Sohn Matthias zu und sagt: „Er wollte das, also haben wir uns das gekauft." Matthias Aldinger, in der Familie für den Keller zuständig, grinst nur.

Matthias und sein Bruder Hansjörg sind die nächste Generation im württembergischen Vorzeigebetrieb mit 25 Hektar Rebfläche. Der Großvater, der 1930 geboren ist und nach dem das Weingut Gerhard Aldinger nach wie vor benannt ist, schafft immer noch im Wengert und „schwätzt mit den Reben", seine Frau Anneliese bekocht die gesamte Mannschaft im Betrieb. Sein Sohn Gert übernahm 1992 den Keller und später das ganze Weingut. Seine Ehefrau Sonja kümmert sich um den Verkauf.

Tatsächlich funktioniert das Weingut so perfekt, weil die Familie an einem Strang in eine Richtung zieht.

Matthias, Gert und Hansjörg Aldinger (von links): Die nächste Generation im Spitzenweingut steht bereit

Dabei werden zwei Dinge extrem hochgehalten. Auf der einen Seite die Tradition. Im Verkostungsraum hängt die Ahnentafel. Weinbau seit 1492, darauf ist die Sippe stolz. An erster Stelle steht: Bentz der Aldinger zinste 1492 laut Lagerbuch aus dem Mackenlehen zu Fellbach. Danach folgen viele Namen, etwa der von Michael Aldinger. Der wurde geboren am 5. Juni 1621 und starb am 16. Oktober 1698. Darunter steht: Bürgermeister, fünf Kinder früh, fünf Kinder an der Pest verstorben. Dennoch gab's Nachfahren. An der Stelle 16 stehen Hansjörg Aldinger, geboren 9. Januar 1980, und Matthias Aldinger, geboren 26. September 1981.

Die Tradition hilft bei der Suche nach einem Wappen oder, um eine schöne Tafel aufzuhängen. Guten Wein macht sie aber nicht. Dazu braucht es gescheite Köpfe. Gerhard Aldinger ist so einer. Er gründete das Weingut. 1955 heiratete der Landwirtssohn Anneliese Pflüger, die Tochter eines Küfers und Süßmosters. Sein Herz hing allerdings nicht an den Berufen des Vaters und des Schwiegervaters, sondern am Weinbau. Mit 50 Ar Wengert machte er sich damals von der Genossenschaft unabhängig, praktischerweise stand ihm im Küferbetrieb in der Schmerstraße eine komplette Kelterausstattung zur Verfügung. „Ich gehe meinen eigenen Weg", sagte er und wurde Fellbachs erster Vollerwerbswinzer. Seine Tropfen baute er von Anfang an trocken aus. Süßer Rotwein sei für ihn ein Brechmittel, erklärt er gerne.

Die anderen machten Masse, der Aldinger machte sich unbeliebt, weil er immer meinte, besseren Wein machen zu müssen. Wobei auch er von den fetten 1970er Jahren im württembergischen Weinbau profitierte, als die Wengerter gar nicht so viel produzieren konnten, wie die Leute kaufen wollten. Schließlich war es zu viel des Guten: 200 Hektoliter holten sie 1982 aus dem Hektar, heute viel weniger als die Hälfte. „Wir müssen das Ruder herumreißen", sagte der Sohn Gert damals zu seinem Vater. Als die Weingärtner im Land die Diskussion starteten, ob vielleicht zu viel Trollinger in den besten Lagen wuchs, probierte

der Weinbautechniker längst Neues. Er pflanzte unter anderem Merlot und Cabernet Sauvignon und erkannte, dass sich nur über die Reduzierung des Ertrags die Qualität verbessern lässt. Fließend war der Übergang, „um die Kunden nicht zu schockieren", erzählt er. Die Strategie hat sich bewährt, Gert Aldinger konnte seinen Vorsprung immer schön ausbauen, er ist der Wunderwinzer schlechthin.

Gert Aldinger mag die Tradition, gleichzeitig störte ihn der Fortschritt nie. Als es erlaubt wurde, den Weinen Wasser zu entziehen, um die Qualität zu verbessern, machte er gleich Versuche damit. Als der Einsatz von Holzchips in der Diskussion war, beteiligte er sich als Probebetrieb bei den ersten Experimenten. „Für meine Weine bringt das mit Sicherheit nichts", sagte er. Aber er ist der Meinung: Im globalen Wettbewerb dürfe man sich Neuerungen nicht verschließen, und als württembergischer VDP-Vorsitzender sei er sogar in der Pflicht, alles auszuprobieren. Das gilt natürlich auch für die Kellertechnik. In seinem Keller stand früh ein modernes Fass für die Maischegärung, in dem der Saft der Trauben schonend über die Häute gesprüht wird. Heute werden die ganz alten Holzfässer wieder für den Weißwein verwendet. Tradition und Moderne liegen oft nah beieinander.

Vermutlich ist es leicht, solche Dinge zu treiben, wenn man immer an der Spitze eines Anbaugebiets steht. Ernst Dautel hatte ihn mal im Ranking der Kritiker überholt, mittlerweile steht längst wieder Aldinger an der Spitze. Im Jahr 2011 zeichnete ihn der Gault Millau für die beste Kollektion – von der Literflasche bis zum Großen Gewächs – in ganz Deutschland aus. „Seit Jahren steht er an der Spitze im Ländle. Nun krönt Gert Aldinger mit Unterstützung der Söhne sein Lebenswerk mit den besten Weinen seiner Karriere", heißt es in dem Buch. Die Auszeichnung steht für einen Betrieb, der nicht nur absolute Spitzenweine erzeugt, sondern auch bei den einfacheren Qualitäten herausragend ist. „Für uns ist dieses Lob natürlich fantastisch", sagt Gert Aldinger. Die Kunden würden so erkennen, dass sich das Qualitätsstreben des Betriebs eben nicht nur auf wenige Weine konzentriert.

Bei der Preisverleihung in Mainz standen drei Aldingers auf der Bühne. Ganz nebenbei wurde dabei erwähnt, dass den Söhnen mit ihrem Großen Gewächs Lemberger der vermutlich beste Rotwein gelungen sei, der jemals in Württemberg erzeugt worden ist. Spannend ist außerdem, was aus dem Betonei schlüpft: Darin schlummerte Sauvignon blanc. Herausgekommen ist – das dürfte niemanden mehr überraschen – der vermutlich beste Sauvignon blanc Württembergs. Ovum nennen sie ihn, der Tropfen sprengt die bisherigen Dimensionen – ganz sicher beim Preis: Der Ovum hat als erster Weißwein Württembergs die 30-Euro-Grenze übersprungen. Bei den Aldingers gehen Tradition und Fortschritt eben eine schöne Symbiose ein. So lautet übrigens auch das Motto des Weinguts. Der Seniorchef Gerhard Aldinger stellt sicher, dass die Geschichte nicht vergessen wird: Nach getaner Arbeit setzt er sich hin und notiert Wetterdaten, Erträge, Öchslegrade für seine Chronik des Weinbaus im Remstal seit 1828.

Weingut Gerhard Aldinger
Schmerstraße 25
70734 Fellbach
Telefon 0711 – 58 14 17
www.weingut-aldinger.de

Verband Deutscher Prädikatsweingüter e. V. (VDP)

Mit dabei sein beim Verband Deutscher Prädikatsweingüter, darf nur, wer bestimmten Qualitätsstandards entspricht und eingeladen wird. 200 Betriebe haben sich dafür qualifiziert. Aktiv im heutigen Sinn ist der VDP zwar erst seit rund 20 Jahren. Aber elitär war der Zusammenschluss von Anfang an: Als Verband Deutscher Naturweinversteigerer ist er 1910 gegründet worden. Rheingauer Weingutsbesitzer, Betriebe aus Rheinhessen, der Rheinpfalz und von den Flüssen Mosel, Saar, Ruwer taten sich damals zusammen. Die Naturweinversteigerer standen für das „nicht gewerbsmäßige Aufkaufen von Trauben und Wein und die Garantie für absolute Reinheit und Originalität ihrer Weine", sie beanspruchten für sich Qualität und den Besitz der Spitzenlagen in dem jeweiligen Gebiet. Anfang des 20. Jahrhunderts war es noch üblich, dem Wein Zuckerwasser zuzusetzen und alle möglichen Lagen und Sorten zu verschneiden. Die renommierten Weingüter wollten sich davon absetzen – auch um bessere Preise zu erzielen. Sie versteigerten ihre Qualitätsweine im Fass an Kommissionäre und Händler. Seit 1926 haben sie ein Markenzeichen: den Traubenadler. Mit der Vorschrift, dass die Verbandsmitglieder nur naturreine Weine aus den eigenen Anlagen versteigern dürfen, wurden 1955 die Genossenschaften ausgeschlossen. Einen Rückschlag erlebten die Winzer 1967, als mit dem neuen deutschen Weingesetz der Begriff Naturwein verboten wurde. Statt sich aufzulösen, gaben sich die Mitglieder einen neuen Namen:

Verband Deutscher Prädikatsweingüter (VDP). Die Verpflichtung zu überdurchschnittlichen Qualitätsstandards erfolgte in den 1990er Jahren. Die Erntemengen wurden begrenzt, das Mostgewicht angehoben, und die Betriebe regelmäßig kontrolliert. Zahlreiche Weingüter verließen daraufhin den Verband. 2002 stellte der VDP sein eigenes Klassifikationsstatut für Weinberglagen vor – mit den Stufen Guts- und Ortsweine, klassifizierte Lagenweine sowie Große beziehungsweise Erste Gewächse. Am Bordeaux und am Burgund orientierten sich die Prädikatsweingüter.

Weil in Württemberg Weinversteigerungen nie üblich waren, hat sich hierzulande erst 1975 ein VDP-Regionalverband gegründet. Die adligen Gutsbesitzer Raban Graf Adelmann und der Fürst zu Hohenlohe-Öhringen waren Gründungsmitglieder. Erst 1994 wurde der Kreis erweitert, Hans Haidle und Gert Aldinger kamen dazu, 1995 Jürgen Ellwanger, 2000 Ernst Dautel und Hans-Peter Wöhrwag. Die jüngsten Neuaufnahmen sind Rainer Schnaitmann (2006) und Rainer Wachtstetter (2009). Insgesamt dürfen 15 württembergische Betriebe mit dem Traubenadler für sich werben. Gert Aldinger ist seit 2000 VDP-Vorsitzender der Württemberger.

Ein kometenhafter Aufstieg

RAINER SCHNAITMANN HAT DIE BEZEICHNUNG SHOOTINGSTAR 1:1 UMGESETZT

Cecilia Bartoli trällert eine Arie. Die Opernsängerin erfüllt den Säulensaal mit ihrer Musik. Bestimmt zwei Dutzend Kerzen brennen und tauchen den Raum in ein behagliches Licht. Vom neuseeländischen Weingut Cloudy Bay hat Rainer Schnaitmann diese Art von Stimmungsmache für den Weinkeller mit nach Hause gebracht – nur dass es dort weniger romantisch zuging: Der dortige Winemaker beschallte seine Barriques mit den Rolling Stones. Dahinter steckt tatsächlich der Glaube, dass der Wein sich davon inspirieren lässt und hinterher besser schmeckt. Rainer Schnaitmann stellte fest, dass in seinem Säulensaal aus Beton die Akustik nicht so perfekt ist. Cecilia Bartoli klingt da besser als Rock'n' Roll. Wissenschaftlich bewiesen ist die Wirkung von Musik auf die Entwicklung von Weinen nicht, doch Rainer Schnaitmann ist äußerst experimentierfreudig. Wenn er daran glauben würde, dass nächtliche Tänze im Weinkeller die Qualität seiner Tropfen verbessern würden, dann würde er tanzen. Garantiert.

Die Idee spanischer Winzer, ihre Trauben bei der Lese aus dem Weinberg auf Trockeneis in die Kelter zu befördern, damit die hohen Temperaturen den gepflückten Beeren nicht schaden, wurde in Fellbach ebenfalls sofort ausprobiert. Es hätte ja sein können, damit ließe sich noch ein bisschen herauskitzeln. Rainer Schnaitmann hat es dann nach einem Versuch bleiben lassen. Deutschland ist eben nicht Spanien. Der Vergleich mit internationalen Weinen hat ihn allerdings schon immer angetrieben, vielleicht sogar in den Beruf getrieben. Gerne erzählt Rainer Schnaitmann, dass er eigentlich Architekt werden wollte. Das Gestalterische habe ihm als junger Mensch so gefallen, aber gestalten kann er auch im Weinbau. Also machte er eine Winzerlehre, schaute sich im Ausland um, studierte in Geisenheim – und erwischte einen perfekten Zeitpunkt für seinen Entschluss, mit dem elterlichen Betrieb aus der Genossenschaft auszutreten. 1997 kelterte er seinen ersten Jahrgang. Damals zeigten die ersten Württemberger, dass sich in diesem Landstrich auch sehr anständige Weine machen lassen – und waren damit Vorbild und Ansporn für einen jungen und sehr ehrgeizigen Mann. „Wir haben einfach festgestellt, dass der Wein im Ausland klasse schmeckt", sagt Schnaitmann, und genau solchen Klassewein wollte er machen.

Mit weniger als zehn Hektar startete der 1968 geborene Neuling, vor allem aber mit einer klaren Philosophie. „Man muss wissen, wo man hin will", sagt Rainer Schnaitmann und er wusste es offensichtlich ganz genau. Für sein Weingut bedeutete dies: Konzentration auf Rebsorten wie Spätburgunder, Riesling und Sauvignon blanc, extreme Ertragsreduzierung und das Geschick, dies im geeigneten Moment zu kommunizieren. Rainer Schnaitmann kapierte gewisse Mechanismen. Zum Beispiel, dass sein Name auf der Weinkarte in einem Sternelokal für Aufmerksamkeit sorgt. Heute freut er sich, dass selbst New Yorker Restaurants seinen Wein ausschenken; damals war es für ihn ein erster Erfolg, im Stuttgarter Sternelokal Speisemeisterei auf der Karte zu stehen.

Recht schnell wurden so die Experten auf den Jungwinzer aufmerksam. Seine Geschichte passte perfekt zum württembergischen Weinwunder. Rainer Schnaitmann heimste Preise ein, kletterte in den Bewertungen rasend schnell an die Spitze des Anbaugebiets und erhielt bereits nach acht Jahren der Selbstständigkeit einen Anruf vom Verband Deutscher Prädikatsweingüter – und seither prangt der VDP-Adler auf seinem Etikett.

rechts: Rainer Schnaitmann: zum besten Spätburgunder-Macher gekrönt

Anfangs gewann Rainer Schnaitmann vor allem mit seinem Spätburgunder wichtige Preise. Er nennt seine Spitzenlinie Simonroth, den besten Spätburgunder Simonroth R. Von 50 Jahre alten Rebstöcken erntet er dafür nur knapp 30 Liter vom Ar, das ist sehr wenig. Dass er allerdings beim Deutschen Rotweinpreis ausgerechnet mit einem Trollinger einen ersten Platz errungen hat, ist fast schon amüsant. Bei den unterschätzten Sorten. Trollinger empfand er anfangs nur als Folklore. Zu Beginn seines Weinguts erzählte er stets, wie er diese lästigen Reben gerodet habe. Inzwischen versteht er die Sorte als die württembergische Spezialität, als eine schützenswerte Besonderheit. „Ich habe mit dem Trollinger meinen Frieden gemacht", sagt er. Richtig glücklich schien ihn der erste Platz bei der Sauvignon blanc Trophy 2011 zu machen, nach drei zweiten Plätzen in den Vorjahren. „Das wurde nun auch mal Zeit", erklärt er.

Das Weingut Schnaitmann ist in den vergangenen 15 Jahren eindrucksvoll gewachsen und verfügt mittlerweile über eine Rebfläche von 23 Hektar. „Uns geht doch immer der Wein aus", sagt Rainer Schnaitmann. Er hat nun einen Vineyard-Manager eingestellt, so nennt er seinen Verwalter für den Außenbereich neumodisch. Schließlich könne er nicht mehr jedes Blättchen selbst umdrehen. Strenge Kriterien hat er seinen Mitarbeitern trotzdem auferlegt: Er stellte auf ökologische Bewirtschaftung um. Rainer Schnaitmann glaubt, dass die Reben dadurch eine noch bessere Qualität erbringen. Und wenn er an etwas glaubt, dann zieht er die Idee durch. Womöglich glaubt er ja auch nur, dass Cecilia Bartoli und Kerzen im Keller bei Journalisten ganz gut ankommen. Aber damit liegt er dann ebenfalls richtig. Und der Einsatz wird sich irgendwie lohnen.

Weingut Rainer Schnaitmann
Untertürkheimer Straße 4
70734 Fellbach
Telefon 0711 – 57 46 16
www.weingut-schnaitmann.de

Zufriedene Genossen

DIE FELLBACHER WEINGÄRTNER FAHREN VON ANFANG AN EINE GUTE ERNTE EIN

In Fellbach ist die Welt der Weingärtner noch in Ordnung. Dass kaum einer von ihnen sein eigenes Ding macht, spricht jedenfalls für die Genossenschaft. Gerademal ein halbes Dutzend Selbstvermarkter gibt es in der Kreisstadt, drei davon sind Besenwirte. Der letzte Austritt ist mit Rainer Schnaitmanns erstem eigenen Jahrgang 1997 lange her. 150 Wengerter liefern an der Neuen Kelter ihre Trauben ab, sie bewirtschaften eine Rebfläche von 185 Hektar. „Wir verlieren keine Fläche und keine Mitglieder", sagt der Geschäftsführer Friedrich Benz, „wir haben ein moderates Wachstum." Wie eng die Bindung ist, verdeut-

licht er mit einer Zahl: 90 Prozent der Genossen wohnen im Umkreis von 500 Metern rund um die Kelter an der Kappelbergstraße.

Der Zusammenhalt lässt sich vielleicht damit erklären, dass die Fellbacher Weingärtner kurz nach ihrer Gründung gemeinsam Erfolge erzielten. Damals, Mitte des 19. Jahrhunderts ging es ihnen nämlich jämmerlich. Zusätzlich zu den hohen Abgaben und der Abhängigkeit von den Weinherren litten sie unter Missernten und eingeschleppten Rebkrankheiten. Dass sich der Schulmeister Wilhelm Amandus Auberle, der viele Jahrzehnte das Kulturleben der Stadt be-

stimmte, für den Weinbau interessierte und einsetzte, war für die Wengerter ein Segen. Er lud junge Landwirte zu Fortbildungen ein, machte sie auf die Ziele der Weinverbesserungsgesellschaft aufmerksam und auf die Neckarsulmer Kollegen, die bereits 1855 die erste Weingärtnergesellschaft in Württemberg gründeten. Drei Jahre später folgten die Fellbacher dem Beispiel und schrieben in ihre Präambel als Ziel „die Erhaltung des guten Rufs des hiesigen Orts bezüglich der Produktion reiner und guter Weine".

Die Regeln, die sich diese Gesellschaft auferlegte, waren äußerst fortschrittlich. Ihre Weinberge teilten sie in Lagen ein, eine Kommission kontrollierte deren Pflege, die Gesundheit und die Reife der Trauben, bei der Lese gab es einen strengen Terminplan und unreife Beeren wurden aussortiert. Statt die Früchte mit Stiefeln zu Maische zu treten, wurden sie nun geraspelt. Wilhelm Amandus Auberle ermahnte die Weingärtner außerdem, rote und weiße Gewächse getrennt zu verarbeiten, denn die guten Wirtshäuser würden allesamt längst nach Rot- und Weißwein verlangen und nicht nach minderwertigem Mischwein. „Dieses gesamte Verfahren hat zu vorher nie geahnten, über alles Erwarten günstigen Resultaten geführt, die alles Frühere weit hinter sich lassen", schwärmte er wenige Jahre später. Ruhm und Ehre bescherten den Fellbachern fortan überdurchschnittliche Preise für ihre Tropfen.

Mit der Rotwein-Cuvée Amandus haben die Weingärtner ihrem Gründer ein Denkmal gesetzt, das laut Gault Millau ihren Ehrgeiz und „ihre Ambitionen nach Höherem" bestätigt. Und wenn der Kellermeister Werner Seibold (Jahrgang 1954) über das „sehr straffe Bonifizierungssystem" spricht, das „sehr gutes Lesegut" garantieren soll, oder darüber, wie viel Wert darauf gelegt wird, dass die Mitglieder den Betrieb als ihren ansehen und dass keine Ablieferermentalität herrscht, dann klingt er beinahe wie der Gründervater. Den Wettbewerb in Fellbach, wo auch die zwei besten Selbstvermarkter Württembergs sitzen, findet er belebend. „Deshalb konnte ich bei den

WG-Gründer
Wilhelm Auberlen

Mitgliedern viel durchsetzen", sagt Werner Seibold. Früher, zu seiner Lehrzeit in den 1970er Jahren, hätte man eben genommen, was gewachsen sei. Den Wengertern sei es später natürlich schwergefallen, die Beeren abzuschneiden.

Breit aufgestellt sind die Genossen, 80 Weine haben sie im Sortiment – vom teuren Barrique-Tropfen bis zum Vesperwein. „Der Trollinger hat immer noch den größten Anteil", sagt Friedrich Benz (Jahrgang 1960). Aber das Geschmacksprofil der Kunden ändere sich, und darauf wollen sie gefasst sein. Der Verwaltungsgeschäftsführer findet es bei aller Entwicklung wichtig, stets eine Brücke vom Historischen ins Moderne zu bauen. Zuletzt ist dies für die nächste Generation geschehen. Next Generation heißt nämlich das jüngste Projekt der Fellbacher. Die Nachwuchsgruppe, in der sich in Geisenheim ausgebildete Ingenieure, Weinsberger Techniker und andere ambitionierte Winzer zusammengetan haben, hat einen Riesling und eine rote Cuvée auf den Markt gebracht. „Wir wollen die Jungen an den Betrieb binden", erklärt Friedrich Benz. Offensichtlich geht die Strategie auf.

Fellbacher Weingärtner
Kappelbergstraße 48
70734 Fellbach
Telefon 0711 – 5 78 80 30
www.fellbacher-weine.de

Im Windschatten des Spitzenduos

Markus Heid hat sich seine Karriere genau ausgerechnet: „Ein Winzer hat in seinem Leben nur 40 Jahrgänge, vielleicht ein paar mehr, wenn es gut läuft." Deshalb hängt seine Stimmung stark vom Wetter ab. Wenn die Sonne zu viel scheint, kann er sie nicht mehr sehen. Regnet es pausenlos, passt es ihm auch nicht. Am schlimmsten ist natürlich der Hagel oder Frost im Frühjahr, wenn die Reben gerade blühen. Jedes Jahr geht es wieder von vorne los, und nie weiß man, wie es laufen wird. „Das ist das Spannende an diesem Beruf, aber auch das Anstrengende", sagt der Fellbacher Wengerter. Und sollte tatsächlich mal ein Jahr „umsonst" gewesen sein, wie er es ausdrückt, würde er an erster Stelle wohl nicht den finanziellen Ausfall beklagen, sondern dass er wieder ein ganzes Jahr warten muss, bis zum nächsten.

Wer solche Zahlenspiele macht, den treibt eine gehörige Portion Leidenschaft an. Etwa 15 Jahrgänge hat Markus Heid schon hinter sich und sich dabei enorm weiterentwickelt. Offensichtlich wusste er früh, was er wollte: „Heute bin ich klein, später werde ich groß, und wenn ich groß bin, werde ich Wengerter", schrieb er im Alter von acht Jahren auf einen Zettel. Die Heids sind auch so eine Familie, die den Weinbau seit Generationen weiterreicht. Der Urahn Jakob Melchisedec Heid begründete die Tradition 1699. Weil seine drei älteren Geschwister kein Interesse für den Beruf hatten, vermutet der 1968 geborene Markus Heid, dass seine Eltern ihn nach der Schule immer gleich auf die Gass' schickten, damit „der Kerle nicht zu viel lernt" und ergo keine andere Wahl mehr hatte. In den 1960er Jahren hatte der Vater mit der selbstständigen Flaschenweinvermarktung in Fellbach begonnen. Die „Heidsche Sturheit" nennt sein Sohn als

Grund für den Austritt aus der Genossenschaft, der der Großvater 1938, in der Zeit der Nationalsozialisten, zwangsweise beitreten musste.

Markus Heid machte eine Winzerlehre und danach den Techniker. 1996 übernahm er den elterlichen Betrieb, der mitten im Ortskern liegt, nur wenige Meter vom Rathaus entfernt. Von der Fläche her gesehen hat das Weingut mit seinen 6,5 Hektar nur wenig zugelegt. Klein, aber fein lautet die Betriebsmaxime, Mar-

kus Heid will alles selbst machen, den Überblick behalten. Seine Ausbildung sei noch alte Schule gewesen, „sehr deutsch, sehr technisch", erzählt er. Den Weinbau wollte er dann von einer anderen Sichtweise aus angehen – vom Terroir aus, dem Bodagefährtle auf Schwäbisch.

Markus Heid ist auch einer von den Wengertern, die die These vertreten, dass guter Wein nur im Weinberg entstehen kann, und deshalb setzt er auf ökologische Bewirtschaftung. Wenn die Traubenqualität stimme, brauche es keine Schönungsmittel, sagt er: „Wein machen ist eigentlich ganz einfach. Man muss nur die biologischen Gegebenheiten beachten." Dabei hat Markus Heid erst im Jahr 2009 eine halbe Million Euro in seinen Keller investiert. Das Bauwerk aus Beton und Stahl setzt architektonische Maßstäbe,

wie bereits sein acht Jahre zuvor neu gestalteter Verkaufsraum.

Im Windschatten von Gert Aldinger und Rainer Schnaitmann hat Markus Heid seinen Platz gefunden, er zählt zu den Aufsteigern, die auf dem Weg nach oben sind. Dass er dabei manchmal von den beiden Spitzenwinzern verdeckt wird, scheint ihn nicht zu stören. Er schätzt die Dynamik in Fellbach. „Verbissen heranzugehen, ist doch Quatsch", sagt er außerdem – schließlich hängt sowieso alles vom Wetter ab.

Weingut Heid
Cannstatter Straße 13/2
70734 Fellbach
Telefon 0711 – 58 41 12
www.weingut-heid.de

Markus Heid: Im neuen Keller geht es Stufe für Stufe nach oben

WEIN IM SPECKGÜRTEL

Rund um Stuttgart konnte der Weinbau prächtig gedeihen: Zahlungskräftige Kundschaft ist am patenten Industriestandort reichlich vorhanden. Vor allem im Remstal scheint der Boden besonders fruchtbar zu sein, im Unterland weht ein rauerer Wind.

Remstal und Unterland

Die Remstäler Wengerter heimsen mittlerweile einen Rotweinpreis nach dem anderen ein. Dort ist die Qualitätsdichte besonders hoch. Neckarabwärts gibt es aber auch ein paar gute Adressen – und weitere Kollegen ziehen nach.

Den Stuttgarter Speckgürtel einzugrenzen, ist nicht einfach. Er geht bis dorthin, wo man noch leicht eine S-Bahn in Richtung Landeshauptstadt erreicht, würde ich behaupten. Zählt man Städte wie Tübingen und Heilbronn dazu, kommt eine Metropolregion mit 5,3 Millionen Einwohnern dabei heraus. Egal, wo man die Grenze zieht, Tatsache ist, im Stuttgarter Speckgürtel leben eine Menge Menschen, auch wenn man die 600 000 Einwohner der Landeshauptstadt subtrahiert. Und das meiste Fett hat das Remstal abbekommen. Von Untertürkheim aus, wo Mercedes seine Autos baut, ist es eben nur ein Katzensprung dorthin. So einen Ort hatten die Beschäftigten der Stuttgarter Unternehmen zum Wohnen gesucht: grün, idyllisch, mit vielen Bauplätzen und verkehrsgünstig gelegen. Ihr Geld trugen sie am Wochenende in die Restaurants in der Nachbarschaft, so entstanden viele gute Lokalitäten, und investierten es in manche gute Flasche Wein, so entstanden die vielen guten Weingüter. Die Betriebe Haidle und Ellwanger machten den Anfang. Seit dem Zweiten Weltkrieg haben sich im Remstal mehr als 50 Wengerter selbstständig gemacht oder sich von der Remstalkellerei getrennt. Mit kaufkräftiger Kundschaft tut sich so ein Schritt leichter. Im Remstal verkaufen viele Wengerter ihren Wein zum größten Teil vom Hof weg. Logisch, dass die vielen selbstständigen Weingüter um Aufmerksamkeit und Anerkennung bemüht sind. So entwickelte sich eine Eigendynamik: Wenn der Nachbar guten Wein macht, strengt man sich an, um

ihm gleich zu tun. Zwar haben nicht alle mitgehalten, aber einige. Die Remstäler können mittlerweile fröhlich damit werben, dass hier zwar nur ein Prozent des deutschen Weins angebaut wird, aber zehn Prozent der deutschen Rotweinpreise landen. Auch bei den neuesten Trends sind sie gut vertreten: Bei der deutschlandweiten Sauvignon blanc Trophy waren im Jahr 2011 unter den 30 Finalweinen fünf aus dem Remstal. Hervorragende Quoten, wenn man bedenkt, dass sich von den rund 11 500 Hektar Württemberger Rebfläche nur 1400 im Remstal befinden.

In diesem Wettbewerb zieht das Unterland bislang den Kürzeren, obwohl es mit 9000 Hektar über mehr als sechs Mal so viel Fläche verfügt. Aber die Geschäftsbedingungen sind härter: weniger Kundschaft, weitere Wege und starke genossenschaftliche Strukturen. Die adligen Güter standen dort lange Zeit an der Spitze. Ansonsten haben es ein paar Einzelkämpfer geschafft, sich abzusetzen, allen voran Ernst Dautel. Die Genossenschaften im Unterland setzen dagegen auf Fusionen, um die Kosten zu senken. Der größte Verbund, die Genossenschaftskellerei Heilbronn-Erlenbach-Weinsberg, bewirtschaftet bereits mehr als 1000 Hektar. Bislang schaffen die Genossen vor allem Qualität in der Breite, aber weniger in der Spitze. Einen kleinen Vorteil haben die Wengerter im Unterland allerdings, erzählt man sich zumindest: Nirgendwo sonst werden so konsequent nur Eigengewächse getrunken wie in Heilbronn. Und die Stadt hat immerhin auch 120 000 Einwohner.

Der erste Jungstar des Remstals

HANS HAIDLE HAT IN STETTEN MIT WENIG AUSBILDUNG SEHR VIEL ERREICHT

In dieser Familie setzen die Väter Maßstäbe und die Söhne müssen früh Verantwortung übernehmen. Karl Haidle war einer der bekanntesten Turner Deutschlands vor dem Zweiten Weltkrieg – und von 1949 an war er der erste Wengerter im Remstal, der seinen Wein selbst vermarktete. Sein Sohn Hans stieg 1963 in den Betrieb ein. Fünf Jahre später starb der Vater und der damals 23-Jährige musste alles alleine stemmen. Damit war er der erste Jungstar des württembergischen Weins – wenn sich dazumal irgendjemand für solche Bezeichnungen interessiert hätte.

Er führte das väterliche Weingut in den Kreis der württembergischen Top-Erzeuger. Als „König von Stetten" wurde er von der Gault-Millau-Redaktion gepriesen. Demnächst soll die nächste Generation übernehmen, 2014 würde Hans Haidle als Rentenbeginn ganz gut passen, dann wäre er 70 Jahre alt. „So arg viel Zeit darf ich mir nicht lassen", weiß sein Sohn Moritz, Jahrgang 1987.

Karl Haidle zeigte viel Pioniergeist. „Entweder man tut Kühe her oder fängt einen Weinbaubetrieb an", sagte er nach dem Krieg. Einen halben Hektar Reben

Moritz und Hans Haidle: Der Sohn folgt dem Vater, weil Weinmachen cooler ist, als Autos zu designen

besaß die Familie. Die Trauben waren ihm sympathischer als Tiere und so machte er sich 1949 selbstständig – als Autodidakt. „Mein Vater war so bekannt im Remstal, der konnte seinen Wein gut verkaufen", erzählt Hans Haidle. Und gesellig war der Vater offenbar auch, wie der Chorleiter Gotthilf Fischer an seinem 80. Geburtstag berichtete, zu dem es von Haidle einen speziellen Trollinger gab: Der Karl sei ein so erstklassiger Turner gewesen, „der machte auch nach acht Viertele noch einen Handstand". Seinem Sohn Hans, der gerade eine Küferlehre abgeschlossen hatte, vermachte er den guten Namen und einen Hektar Reben. Zeit für eine ausgiebige Ausbildung hatte der Junior nicht mehr. Aber er ist, weil er befürchtete, dass andere mehr wissen könnten als er, umso gewissenhafter an die Arbeit gegangen.

„Ich will einfach guten Wein machen", sagt Hans Haidle. Schon immer habe er die Reben deswegen kurz angeschnitten, damit sie weniger Trauben produzieren. Er machte trockene Weine zu einer Zeit, als süß dominierte. Aus Fachzeitschriften und Vorträgen holte er sein Wissen, in Weinsberg belegte er einen Schnellkurs zum Kellermeister. Von seinem Vater, der ihm Gewürztraminer aus dem Elsass und die Kernertraube vermachte, hat er eine große Experimentierfreude geerbt. Zweigelt aus Österreich ist sein eigener, gelungener Versuch. Aber diese französischen Eichenfässer, die hat er anfangs skeptisch beäugt. „Da passt unser Wein nicht rein", dachte er, bis er 1987 seine ersten drei Fässer füllte. Gut, der Versuch mit Riesling aus dem Holz ging daneben. Aber mittlerweile hat er mehrere Dutzend Barriques im Keller. „Man muss immer am Ball bleiben", sagt er.

Auf 22 Hektar hat Hans Haidle seine Rebfläche aufgestockt. Der Riesling ist sein Favorit, er beansprucht 40 Prozent seines Sortiments. 1908 erwarb sein Großvater unterhalb der Y-Burg einen Weinberg. Das alte Gemäuer, das direkt hinter dem Weingut liegt, lieferte das Logo für den Betrieb. Der Stettener Pulvermächer ist seine beste Lage. 15 Prozent Trollinger und darüber hinaus so gut wie jede Sorte, die in Württemberg zugelassen ist, baut er an – aus Interesse und weil er seinen Kunden jeden Wunsch erfüllen will. In den unterschiedlichsten Kategorien hat er mindestens sieben Mal den Deutschen Rotweinpreis gewonnen. Wenn er einen ersten Platz nicht schafft, dann einen zweiten. Nur den Sauvignon blanc hat er verschlafen; seine Antwort auf diesen Trend ist der hochgelobte Justinus K.

„Ich bin zufrieden", sagt Hans Haidle über sein Lebenswerk. Anders als sein Vater, der Kunstturner, ist er ein Langstreckenläufer, schmal, drahtig, mit viel Durchhaltevermögen, einer, der leise auftritt. Seine Augen, umrahmt von kugelrunden Brillengläsern, lächeln fast immer. Vermutlich weil sein Sohn Moritz Haidle nun doch ins Geschäft einsteigt, obwohl er den Beruf des Winzers jahrelang zu konservativ fand. Autodesigner wollte er werden, aber der Vater überredete ihn zu einem Deal: Praktika in beiden Sparten sollten Klarheit bringen. Praktisch für Hans Haidle war, dass das Autodesignen eher langweilig ausfiel, der Außenbetriebsleiter vom Weingut Paul Fürst in Franken aber Hip-Hop bei der Arbeit hörte und dem jungen Haidle zeigte, dass Weinmachen gar nicht altbacken ist. Also machte Moritz eine Winzerlehre, natürlich bei renommierten Betrieben, und bis 2013 studiert er in Geisenheim. Auslandsaufenthalte in Frankreich und Kalifornien stehen noch an, in Australien war er bereits.

„Ich habe schon Respekt davor, den Standard zu halten", sagt der Junior über die Zukunft. Andererseits: Bei den Haidles ist es immer gelaufen, meistens gut. Er wird jedenfalls nicht alles auf den Kopf stellen, aber wenigstens ein paar Graffiti in den Barrique-Keller sprayen. „Tradition ist ja auch wichtig", hat Moritz Haidle zwischenzeitlich gelernt.

Weingut Karl Haidle
Hindenburgstraße 21
71394 Kernen-Stetten
Telefon 0 71 51 – 9 49 11
www.weingut-karl-haidle.de

Der Holzwurm im oberen Remstal

IM WEINGUT JÜRGEN ELLWANGER SETZEN DIE SÖHNE DIE ARBEIT DES VATERS FORT

Eigentlich ist Jürgen Ellwanger seit 2007 in Rente. Die Verleihung des Deutschen Rotweinpreises lässt er sich dennoch nicht entgehen. Mit einem Zweigelt HADES erreichte er mit seinen Söhnen in der Kategorie Neuzüchtungen 2011 den ersten Platz. Zu viert posierten sie für das Siegerbild: Felix, Jörg, Andreas und der Senior. Beim Galadiner stand er mit dem Jüngsten vor dem Mikrofon von Rudi Knoll, dem Chefredakteur des Magazins Vinum und Preisver-

leiher. Dass sie ein riesiges Plakat vor das Weingut in Winterbach gehängt hätten, das an einer Durchgangsstraße liegt, erzählte Felix bei dieser Gelegenheit. „Danke! Zum 6. Mal Deutscher Rotweinpreis" stand auf dem Banner. Jürgen Ellwanger runzelte ein wenig die Stirn, als sein Sohn diese Werbemaßnahme erklärte. Aber dann durfte er auch schon von seiner Heldentat berichten, anno dazumal, zu Beginn der 1980er Jahre: wie er in Österreich kurzerhand

Jörg (links) und Felix Ellwanger: bekommen vom Erbe ihres Vaters Jürgen keine nassen Füße

300 Zweigelt-Rebstöcke ins Auto lud und damit ins Remstal fuhr. Um die Genehmigung, die damals in Württemberg neue Sorte anpflanzen zu dürfen, kümmerte er sich später.

Jürgen Ellwanger, Jahrgang 1941, ist ständig neue Wege gegangen. So dachte wohl schon sein Großvater Johannes, der von Großheppach aus 1934 den Weinbau in Winterbach wiederbelebte, nachdem dieser von der Reblaus und dem Ersten Weltkrieg vollends vernichtet worden war. Dessen Sohn Gottlob bekam bei der Realteilung diese Weinberge und zog 1949 nach Winterbach in die Bachstraße. Schweine, Kühe und Hühner ernährten außerdem die Familie. Weil es so weit oben im Remstal keinen Genossenschaftsanschluss gab, musste Gottlob Ellwanger seinen Wein von Anfang an selbst ausbauen und vermarkten. Dessen Sohn Jürgen verzichtete später auf die „Viecher", startete mit dem einen Hektar seines Vaters und vergrößerte das Weingut auf 24 Hektar.

Im württembergischen Weinbau hat Jürgen Ellwanger Großes geleistet. Neben dem Zweigelt, dieser Kreuzung aus Lemberger und Sankt Laurent, holte er recht früh französischen Syrah und Merlot, der ihm beim Skifahren in Kanada so gut geschmeckt hatte, ins Remstal. Er setzte auf Ökologie und begrünte seine Weinberge, als die meisten anderen Kollegen Kahlschlag praktizierten. Er führte – wie in Bordeaux üblich – das System Erst- und Zweitwein ein. Zu seiner besten Cuvée Nicodemus, die nach einem Vorfahren benannt ist, der um 1514 lebte und neben Weingärtner auch Bürgermeister von Großheppach war, gibt es den kleinen, also viel günstigeren Nico, beide in Rot und Weiß. Und er fing an, den Wein in kleinen Eichenholzfässern namens Barrique auszubauen, als in Württemberg ausschließlich die praktischen Edelstahltanks die Keller beherrschten.

1986 gründete Jürgen Ellwanger mit Kollegen die Studiengruppe HADES. Die Buchstaben stehen für die Weingüter Fürst Hohenlohe-Öhringen, Graf Adelmann (Kleinbottwar), Drautz-Able in Heilbronn, Ellwanger und Sonnenhof bei Vaihingen an der Enz. In Zusammenarbeit mit dem Staatsweingut Weinsberg und deren Partnerschule San Michele im Trentino experimentierten sie mit den Barriques, langen Maischestandzeiten und Ertragsreduzierung. „Den Umschwung im Württemberger Weinbau hin zu einem anderen Weintyp leitete vor allem unsere Gruppe ein", sagt Jürgen Ellwanger selbstbewusst. Anfangs hatten die HADES-Winzer mit Skepsis und Vorurteilen zu kämpfen. Als Holzwürmer wurden sie beschimpft, und bei der Landesweinprämierung wurde ihm anfangs die Prüfnummer für seine edelsten Tropfen verweigert, weshalb er sie als Tafelwein deklarieren musste.

Jörg, Andreas und Felix Ellwanger war ihr Vater offensichtlich ein gutes Vorbild: Sie wurden allesamt ebenfalls Wengerter, studierten in Weinsberg und waren im Ausland. Jörg Ellwanger, Jahrgang 1969, leitet das Weingut heute als Inhaber; sein Bruder Felix, Jahrgang 1983, ist für den Vertrieb zuständig. Andreas Ellwanger, Jahrgang 1968, hat zwar mit seiner Frau Dorothee in Remshalden-Grunbach das Weingut Doreas gegründet, das in der Ausgabe 2012 des Gault Millau erstmals mit einer Traube bedacht wurde. Aber er mischt im väterlichen Betrieb weiterhin im Keller mit. Die Zusammenarbeit laufe harmonisch, berichtet Felix Ellwanger: „Wenn wir Wein probieren, hat jeder eine eigene Stimme, und meistens stehen die Meinungen 4:0." Der Generationenwechsel sei ein schleichender Prozess, der Vater sei schon noch rund 40 Stunden die Woche fürs Weingut im Einsatz, berichtet der Junior darüber hinaus. Einzuschüchtern scheint er seine Söhne nicht, die machen wohl da weiter, wo er aufhört. „Man kann das Rad nicht neu erfinden", sagt Felix Ellwanger, „die großen Umwälzungen sind durch."

Weingut Jürgen Ellwanger
Bachstraße 27
73650 Winterbach
Telefon 0 71 81 – 4 45 25
www.weingut-ellwanger.de

Das Erfolgsrezept Junges Schwaben

Hans Hengerer (von links), Rainer Wachtstetter, Jochen Beurer, Sven Ellwanger und Jürgen Zipf: Fünf junge Schwaben machen gemeinsame Sache

Mit einer sehr landestypischen Geschichte hat alles angefangen. Weil ein Stand auf der Düsseldorfer Messe Pro Wein ziemlich viel kostet, dachten sich fünf junge Schwaben: Wenn man sich die Gebühren teilt, geht es. Also standen Jochen Beurer, Sven Ellwanger, Hans Hengerer, Rainer Wachtstetter und Jürgen Zipf auf der größten deutschen Weinmesse im Jahr 2001 gemeinsam hinter einem Tisch. Dabei haben sich die Wengerter derart gut verstanden, dass daraus sowohl eine Fortsetzungs- wie auch eine Erfolgsgeschichte geworden ist. Im Jahr darauf gründeten sie die Winzergruppe Junges Schwaben. Mit ihrem Zusammenschluss haben die Fünf neue Maßstäbe in Württemberg gesetzt, erstmals scherte eine Gruppe aus den traditionellen Bahnen aus. Sie machten ihren eigenen Verein auf, sahen sich statt als Konkurrenten als Kollegen, die gemeinsam besser werden wollen. Das sorgte für Aufsehen, und es sorgte für ein Umdenken im Land. „Was der Schwabe anfängt, das macht er recht – und wenn's geht, noch ein bissle besser", ist ihre Philosophie.

Der Sommelier und Weinhändler Bernd Kreis berät das Quintett fast seit der ersten Stunde. Der Purist Kreis legt großen Wert auf naturnahes Arbeiten – und vor allem auf Authentizität. Jeder macht also seinen individuellen Wein, sein regional typisches Produkt, gemeinsam halten sie sich aber an bestimmte Qualitätsvorgaben. Das Motto lautet: unverwechselbare, ursprüngliche und ungeschminkte Weine machen. Dieses Ziel wird regelmäßig überprüft. Bei monatlichen Treffen probieren die jungen Schwaben ihre Weine gegenseitig, kritisieren und kontrollieren sich.

Zum Konzept gehört auch, dass jeder einen Junges-Schwaben-Flagschiff-Wein hat – bewusst fünf unterschiedliche Rebsorten. Dass alle Betriebe von der Gruppenbildung profitieren, ist längst klar und die Weingüter sind etabliert. Inzwischen wachsen den ersten jungen Wilden von einst graue Haare.

Im Kopf aber ist die Truppe jung geblieben. Im Jahr 2010 gab es dafür die offizielle Bestätigung: Bei der Artvinum, einer Art Weinhuldigung des Landes, wurden die Fünf als europäische Nachwuchswinzer des Jahres ausgezeichnet. Eigentlich geht es bei der Be-

zeichnung Junges Schwaben nicht um das Alter der Mitglieder, sondern um ihre Art, Wein zu machen. Diese Art ist immerhin bei einem von einer ganz seriösen Adresse bestätigt worden. 2010 hat der Verband Deutscher Prädikatsweingüter (VDP) Rainer Wachtstetter als neues Mitglied aufgenommen. Symptomatisch ist dabei: Der Winzer aus Pfaffenhofen hat sich vor seiner Zusage zunächst bei seinen Freunden versichert, ob dieser Karriereschritt für sie in Ordnung gehe. Bei der Pro Wein im gleichen Jahr hat er natürlich wieder mit seinen Kumpels am Stand ausgeschenkt.

Jochen Beurer – der Riesling-Extremist

Mit einem verschmitzten Grinsen steht Jochen Beurer vor einen Gärtank und schaut auf diesen kleinen Glasbehälter, den man auch für eine Pfeife halten könnte. In dem Kolben, der im Fass steckt, blubbert es, die Gase der Vergärung drängen nach außen. Es ist schon später im Jahr, die meisten Weingüter haben ihre Weißweine längst abgefüllt, und im Verkauf bei Jochen Beurer ist der Wein immer noch nicht fer-

Jochen Beurer
liebt den Riesling

tig. Und das freut ihn. „Ich lasse meinen Weinen so viel Zeit, wie sie brauchen", sagt er stets. Der Stettener Winzer ist ein Extremist, Weinkritiker bescheinigen ihm, dass seine Rieslinge einzigartig in Württemberg sind, mineralisch, frisch, würzig, eher gerbstoffbetont.

Das Weingut Beurer brachte 1997 seinen ersten Jahrgang heraus. Der Vater war in der Genossenschaft, sogar im Vorstand. Der Sohn, Jahrgang 1972, hatte seine Winzerlehre abgeschlossen, in Weinsberg die Techniker-Ausbildung gemacht und in Italien Auslandserfahrung gesammelt. Er wollte sein eigenes Ding machen, und das ist ihm definitiv gelungen. Jochen Beurer war ein junger Wilder, nicht nur im Keller, sondern auch auf dem BMX-Fahrrad. 1992 holte er sich den Europameistertitel. Wer mit einem solchen Rad über fünf Autos springt, geht geschäftlich ebenfalls mit großer Abenteuerlust und starkem Selbstvertrauen ans Werk. In diesem Fall lautet das Schlüsselwort „Spontangärung". Auf dieses Verfahren setzte er als einer der ersten Wengerter Württembergs. Er ließ die Weine mit den Hefen aus dem Weinberg gären. Das ist einerseits gefährlich, weil die Gärung nicht immer nach Wunsch verläuft und der Geschmack stark variiert, und andererseits ein Geduldsspiel, weil es lange dauern kann. Sein erster

Riesling Spätlese trocken Stettener Pulvermächer blubberte bis ins Frühjahr hinein. Der Jahrgang 1997 war für ihn dennoch ein sehr guter, und sein Weg war damit gefunden.

Diesen Weg ist Jochen Beurer dann sehr konsequent gegangen. Der Riesling ist seine Spezialität und umfasst mehr als die Hälfte seiner Weine. Der Weißweinanteil liegt bei ihm bei 80 Prozent. Neben der Spontanvergärung setzt er auf Gerbstoffe. Er schont die Beeren nach der Lese nicht, sondern mahlt die Trauben und lässt die Stiele mit drin. Bei seinem Riesling soll man die Herkunft aus Stetten schmecken. Deshalb hat er auch zwischen den Rebzeilen gegraben, um herauszufinden, wie sich die Wurzeln verhalten, wo sich die Pflanze ihre Nährstoffe holt. Wer mit ihm durch die Weinberge fährt, erhält gratis einen Vortrag über die Gesteinsschichten am Rand des Schurwalds: über Keuper, Kieselsandstein, bunten Mergel und Schilfsandstein. Seine Erkenntnis daraus war die Umstellung des Zehn-Hektar-Betriebs auf bio und schließlich auf bio-dynamisch. Ihm geht es um einen grundsätzlich anderen Ansatz mit der Natur, wie er sagt, „um ein großes Vertrauen in die positiven Kräfte der Natur". Dass er ein vinologischer Umweltschützer mit Humor ist, sieht man an seinem Auto, da prangt ein frecher Aufkleber: „Conserve water – drink wine".

Den Mainstream des Geschmacks zu verlassen, geht wirklich nur mit Abenteuerlust und Selbstvertrauen. Bei Blindverkostungen und Wettbewerben fallen die Weine von Jochen Beurer oft durch. Überhaupt schmecken sie immer wieder anders und sollten niemals zu jung getrunken werden. Aber wer die Rieslinge von Jochen Beurer zehn Jahre nach dem letzten Blubbern im Tank probiert hat, der war, wie ich, eigentlich immer begeistert.

Weingut Beurer
Lange Straße 67
71394 Stetten im Remstal
Telefon 0 71 51 – 4 21 90
www.weingut-beurer.de

Sven Ellwanger – der Sauvignon-blanc-Pionier

Es war ein gediegener Weinabend in einem schicken Restaurant. Sven Ellwanger war der Stargast des Abends; zum feinen Essen sollte der Großheppacher seine Weine präsentieren. Er kam zu spät, machte seine Sache dann aber sehr professionell – und sehr sympathisch. Es war ein erstaunlicher Auftritt, denn zwischendurch saß er recht geknickt am Tisch: Ein Hagel im Remstal hatte an diesem Abend einen ordentlichen Teil seiner Reben zerstört. Die Natur haute so gehörig auf den Tisch, dass die Feuerwehr im Dorf vereinzelt Keller leer pumpen musste. Auch ihm stand das Wasser, vielleicht nicht gerade bis zum Hals, aber an diesem Abend recht hoch. Einem anderen Menschen wäre vermutlich der Appetit vergangen, Sven Ellwanger machte seinen Job und hatte immer noch dieses jungenhafte Lächeln im Gesicht, das ihn neben seinen hoch gegelten Haaren in der Weinszene so unverwechselbar macht.

Sven Ellwanger ist als Jahrgang 1975 de facto der Jüngste in der Gruppe Junges Schwaben. Aber nur nach Zentimetern ist er auch der Kleinste der Gruppe – sein Weingut ist mit 27 Hektar mit Abstand das größte. Sein Vater Bernhard, nachdem es benannt ist, hat 1975 aus der Landwirtschaft heraus mit einem halben Hektar als Garagenwinzer angefangen. Der junge Sven musste nach seinem Studium in Geisenheim früh in die Verantwortung. 1999 erkrankte sein Vater an Leukämie. Inzwischen mischt er wieder im Betrieb mit. 2005 baute die Familie eine neue Kelter: 13 Meter hoch, um mit der Schwerkraft zu arbeiten. Bernhard Ellwangers Frau Ingrid und die Tochter Yvonne gehören ebenfalls zum Team; der Sohn gibt

Sven Ellwanger steht auf
Sauvignon blanc

jedoch nicht nur im Keller den Ton an. Dass der Sauvignon blanc als Aushängeschild des Großheppacher Weinguts gilt, ist ein Zeichen dafür. Sven Ellwanger hat diese Rebsorte bei einem dreimonatigen Aufenthalt in Neuseeland schätzen gelernt und als einer der Ersten in Württemberg darauf gesetzt. Darauf ist er zu Recht ziemlich stolz: „Heute gibt's keine andere Rebe, die derart viel neu gepflanzt wird wie der Sauvignon blanc", stellt er zufrieden fest.

Der Sauvignon blanc aus Württemberg räumt regelmäßig in bundesweiten Wettbewerben die Preise ab. Aldinger, Schnaitmann und Co. haben das Potenzial der Rebe ebenfalls erkannt. Dass Sven Ellwanger bei solchen Vergleichen nicht so oft auftaucht, hat einen einfachen Grund: Die Weine von Junges Schwaben sind nicht für solche Wettbewerbe gemacht, zumindest nicht die Weißweine. Im Vergleich zählt hier zu oft die Frische, nicht aber die Ausdauer bis zur Reife. Sven Ellwanger macht seinen besten Sauvignon blanc, der das Etikett von Junges Schwaben trägt, mit dem Ziel, dass er nicht sofort, sondern in ein paar Jahren richtig gut wird, ähnlich wie Kollege Beurer. Seine gute Laune lässt sich Sven Ellwanger durch Wettbewerbe nicht vermiesen. „Ich habe die Absicht, Weine zu erzeugen, die einfach Spaß machen", hat er einmal gesagt, und das ist ihm gelungen.

Allerdings ist es nicht angemessen, das Weingut auf den Sauvignon blanc zu reduzieren, denn immerhin nehmen rote Sorten zwei Drittel der Rebfläche ein. Trollinger, Spätburgunder und Lemberger haben die Ellwangers im Programm. Den 2009er Lemberger und den Syrah der SL-Klasse hält der Gault Millau sogar für das Beste, was Sven Ellwanger jemals abgefüllt hat. Seine Experimentierfreude beweist er auch mit Sorten wie Hegel und rotem Riesling, eine Mutation des Weißrieslings. Oder er steckt einen Kerner ins Barrique und nennt ihn King. Ein schwäbischer Wengerter dieser Größe braucht seinen Gemischtwarenladen – schon allein um einen Hagel mit einer gewissen Ruhe überstehen zu können.

Weingut Bernhard Ellwanger
Rebenstraße 9
71384 Weinstadt
Telefon 0 71 51 – 6 21 31
www.weingut-ellwanger.com

Hans Hengerer – das Allround-Talent

Hans Hengerer ist der Älteste von Junges Schwaben, und passenderweise, obwohl der Abstand zu den anderen nicht groß ist, scheint er dieser Rolle gerecht zu werden. Als der Heilbronner Wengerter, Jahrgang 1967, erfahren hat, dass er auf der Artvinum als europäischer Nachwuchswinzer des Jahres 2010 ausgezeichnet werden sollte, wollte er den Preis ablehnen. Mit 42 Jahren wähnte er sich dafür zu alt. „Aber der Name der Gruppe wird nicht verändert", stellt er dennoch klar, „Schwaben bleibt jung." Denn schließlich hätten sie sich nicht Junge Schwaben getauft, sondern Junges Schwaben. Das S hinter Jung stehe für Dynamik und Bereitschaft zu Neuem, erklären die Fünf gerne. Und Hans Hengerer ergänzt, fröhlich lachend: „Demnächst schicken wir unsere Kinder vor, dann bleibt der Name stimmig."

Im Weinbau ist sowieso alles auf Generationen angelegt. Denn Hans Hengerer ist nicht nur der Älteste von Junges Schwaben. Im Wettbewerb um die älteste urkundliche Erwähnung steht das Weingut Kistenmacher-Hengerer sogar württembergweit ganz weit vorne: Seit 1418 gibt es Weinbau in der Familie. Der Doppelname kam durch die Mutter zustande, um sich von den vielen Hengerers in Heilbronn zu unterscheiden. Für württembergische Verhältnisse sind die Kistenmacher-Hengerers auch früh in die Selbstständigkeit gestartet; bereits seit 1958 besteht das heutige Weingut. In Heilbronn hatten es abtrünnige Genossen damals allerdings recht leicht; sie durften mit einem Drittel ihrer Lese machen, was sie wollten, und dadurch entstanden die unabhängigen Betriebe. So viel Freiheit ist in Kooperativen selten möglich.

Bei Hans Hengerer war die Freiheit der Lehr- und Wanderjahre allerdings recht schnell zu Ende. Als 24-Jähriger musste er in den Betrieb einsteigen und Verantwortung übernehmen, weil sein Vater gesundheitliche Probleme hatte. Dabei betont er, wie froh er war, dass sein Vater ihm am Anfang noch zur Seite stand. „Still und grundsolide" – so bezeichnet er sich selbst auf seiner Internetseite. Man könnte sagen, er ist bescheiden, oder dass er es einfach nicht nötig hat, große Töne zu spucken. Hans Hengerer strahlt eine wunderbare Gelassenheit aus, und offenbar ist er darüber hinaus noch der Vernünftigste in der Junges-Schwaben-Gruppe. Ob es am Alter liegt, sei dahingestellt: Die Kollegen schätzen ihn besonders, weil durch ihn bei der Pro Wein wenigstens ein zuverlässiger Chauffeur dabei sei, scherzen sie.

Bei aller Zurückhaltung macht Hans Hengerer allerdings sehr ambitioniert seine Weine. Das Wort Talent fällt im Zusammenhang mit seinem Namen oft – und nicht auf einen Wein beschränkt, sondern eigentlich auf alles bezogen. Innerhalb von Junges Schwaben steht er für den Spätburgunder, die wohl anspruchsvollste Sorte überhaupt, den er „wegen seiner Ele-

ganz und Finesse" besonders schätzt. Er gelingt ihm grandios, wobei Hans Hengerer auch sonst nicht nach Schema F arbeitet. Vielleicht liegt es an seiner Ausbildung, der Lehre bei Jürgen Ellwanger und bei Heinrich Männle im badischen Durbach, dem „Rotwein-Männle". In Weinsberg machte er die Techniker-Ausbildung, danach reichte es noch für neun Monate Südafrika, zu Zeiten als dort gerade daran gearbeitet wurde, die Apartheid abzuschaffen. Diese Zeit habe ihn schon geprägt, vor allem aber die Arbeit in verschiedenen Betrieben. „Ich habe gelernt, dass es viele Wege gibt, die ans Ziel führen", sagt er.

Zu 60 Prozent baut Hans Hengerer Rotwein auf seinen zehn Hektar am Stadtrand von Heilbronn an. Ein großer Teil davon ist Trollinger, fast ein Viertel der gesamten Rebfläche nimmt die schwäbische Paradesorte in Anspruch. Der Wengerter bringt es einfach nicht übers Herz, die in die Jahre gekommenen Pflanzen zu roden, da steckt zu viel Tradition drin: „Die Qualität eines alten Weinbergs ist zu gut", sagt er.

Hans Hengerer beherrscht den Spätburgunder

Lemberger, Samtrot und Cabernet Franc hat er noch, bei den Weißen vor allem Riesling. Sein Clevner ist eine weitere Spezialität. Diese Sorte habe Theodor Heuss schon in seiner Doktorarbeit über den Weinbau um Heilbronn erwähnt, erzählt er; sie ist heute als Frühburgunder bekannt und verdient laut Hans Hengerer durchaus mehr Aufmerksamkeit. Er selbst bekommt wiederum viel Aufmerksamkeit für seinen Sekt aus Riesling, Muskat-Trollinger und Pinot.

„Der Ehrgeiz ist bei allem und bei allen Sorten da", sagt er. Akribisch arbeitet er im Weinberg, reduziert konsequent den Ertrag. Der Charakter des Kellermeisters färbt dann auf den Wein ab: Seine Tropfen seien keine „Schnellentwickler", betont Hans Hengerer. Sie bräuchten Zeit, um sich zu öffnen und ihre wahre Qualität zu zeigen.

Weingut Kistenmacher-Hengerer
Eugen-Nägele-Straße 23–25
74074 Heilbronn
Telefon 0 71 31 – 17 23 54
www.kistenmacher-hengerer.de

Rainer Wachtstetter – der Bart ist ab

Es war zu Beginn von Junges Schwaben, als ich Rainer Wachtstetter in Pfaffenhofen besucht habe. Damals war der Verkaufsraum rustikal in der Scheune untergebracht, nebenan stand die Türe offen zu einem gekachelten Raum, da wurde noch geschlachtet. Die Familie Wachtstetter machte damals nicht nur

Rainer Wachtstetter bringt Lemberger groß heraus

Wein, sondern auch Wurst und Schlachtplatte für die eigene Wirtschaft, den Adler. Aus meiner Sicht war die Kombination geradezu genial: Weil dort auf inzwischen gut 16 Hektar die Trauben für ganz hervorragende Weine wachsen, und der Ausflug in die Provinz zudem mit einem herrlichen Mittagessen gekrönt worden ist. Perfekt! Rainer Wachtstetter habe ich ganz vielen Leuten als Ausflugsziel empfohlen. Inzwischen kann man sagen: Der Bart ist ab. Rainer Wachtstetter, damals noch mit Oberlippenbehaarung unterwegs, hat sich förmlich selbst überholt, ein ganz neues Profil erschaffen. Seine Weine, vor allem natürlich seine Lemberger, haben eine derart hohe Qualität, dass der Verband Deutscher Prädikatsweingüter (VDP) bei ihm angefragt hat, ob er denn nicht Mitglied in diesem erlauchten Kreis der Weinproduzenten werden möchte. Der VDP ist nicht die allein gültige Adresse für Qualität im deutschen Weinbau, aber es ist doch ein Ritterschlag, aufgenommen zu werden. Rainer Wachtstetter ist allerdings so ein Typ, der niemals seine Herkunft vergisst: „Junges Schwaben ist für mich ein absoluter Glücksfall, eine tolle Truppe, die sich gegenseitig hilft und der ich viel verdanke."

Die Wachtstetters waren mehr Landwirte als Weingärtner. Als langsam die Nachfolge diskutiert wurde, kam heraus: Das Geld, das im Weinbau und in der Gaststätte verdient wird, fließt in die Landwirtschaft. „Ich will mich auf den Weinbau konzentrieren", sagte Rainer Wachtstetter damals, 17 Jahre alt und gerade im dritten Lehrjahr beim Heilbronner Weingut G. A. Heinrich. Dass er den Beruf gewählt hatte, lag nicht am Wein, den er in diesem Alter gar nicht groß getrunken hat, sondern an der Arbeit im Weinberg, letztlich eine gute Grundlage für die späteren Aufgaben. Heute erzählt schließlich jeder Winzer, dass ein guter Wein nicht im Keller, sondern im Weinberg gemacht werde. Im Keller hat er gleichermaßen jahrelange Erfahrung: Rainer Wachtstetter, Jahrgang 1968, steht seit seinem 17. Lebensjahr im Keller, die Verantwortung dafür hatte ihm der Vater damals konsequent überlassen, als die Entscheidung gegen die Landwirtschaft fiel.

Mittlerweile ist die Gastwirtschaft im Prinzip geschlossen. Alle sind älter geworden, das Weingut immer erfolgreicher und der auf knapp 15 Hektar angewachsene Betrieb fordert alle Konzentration. Das Zabergäu gilt als schwäbische Toskana, ein idealer Ort für den Lemberger, die Sorte, mit der die Württemberger über ihre Grenzen hinaus glänzen. Rainer Wachtstetters Lemberger gehört eindeutig zu den besten Vertretern im Anbaugebiet. Er ist ein Rotweinspezialist, der Rotweinanteil des Weinguts liegt bei 75 Prozent, mit Lemberger, Trollinger, Spätburgunder, Schwarzriesling, Samtrot und Dornfelder. „Uns ist es sehr wichtig, dass wir unseren Schwerpunkt auf typisch württembergische Rebsorten legen", sagt er. Und er, der in einem schwäbischen Lokal aufgewachsen ist, schätzt die Kombination aus Essen und Trinken. „Oimal gut g'lebt, des denkt oim lang", zitiert er einen Spruch aus seiner Gegend.

Abgesehen davon, dass er das Schaffen gewohnt ist, gelten für Rainer Wachtstetter Adjektive wie verwurzelt, gemütlich und kommunikativ. Was ihm an Junges Schwaben am Wichtigsten ist, erklärte er, als die Truppe das zehnjährige Bestehen feierte: „Wir haben hier zehn Jahre lang einen wirklich guten Austausch gehabt. Aber vor allem haben wir es auf zehn Jahre echter Freundschaft gebracht." Folgende Geschichte liefert noch den passenden Schlusspunkt fürs Kapitel Wachtstetter: Gäste des Adlers haben natürlich protestiert, als die Gaststätte geschlossen wurde, und deshalb ist die Wirtschaft inzwischen wieder offen. Nur an ganz wenigen Wochenenden, aber immerhin.

Weingut Wachtstetter
Michelbacher Straße 8
74397 Pfaffenhofen
Telefon 0 70 46 – 329
www.wachtstetter.de

Jürgen Zipf – ein Handwerker mit Fingerspitzengefühl

Jürgen Zipf ist in einer misslichen Lage, wenn Junges Schwaben Weine in der Landeshauptstadt präsentiert. Er muss den Besuchern erst einmal erklären, woher er kommt und wo dieses Löwenstein liegt: gar nicht so weit weg von Heilbronn, aber doch ein wenig versteckt in den Bergen. „Wir befinden uns am oberen Ende der Weinbauzone", sagt Jürgen Zipf in solchen Situationen. Dort haben die Leute bis ins neue Jahrtausend noch vor allem günstige Tropfen gesucht. Auch das Weingut Zipf hat früher 90 Prozent seines Weins über die Literflasche vermarktet. Man könnte also nicht behaupten, dass der Gegend ein guter Ruf vorauseilen würde.

Jürgen Zipf hat seinen Stammkunden eine Menge zugemutet, er baute den Familienbetrieb gehörig um. Sein Großvater Hermann ist 1964 mit rund drei Hektar aus der Genossenschaft ausgetreten; Vieh und Landwirtschaft gab die Familie Ende der 1970er Jahre vollends auf. Die Zipfs wollten schon damals eine eigene Richtung einschlagen, Vater Reinhold hatte

Jürgen Zipf komponiert
stimmige Cuvées

ner Junge wollte er Wengerter werden, er liebt die Abwechslung zwischen draußen und drinnen, Weinberg und Keller. Erst beim Vater, dann beim Heilbronner Betrieb G. A. Heinrich ging er in die Lehre. Als Geselle arbeitete er beim Weingut Hohenlohe-Öhringen, bevor er 1995 die Weinbauschule in Weinsberg besuchte. Dort war der Ursprung von Junges Schwaben: Jürgen Zipf war der Nebensitzer von Jochen Beurer. Während der Stettener hinterher sofort im eigenen Betrieb loslegte, arbeitete Jürgen Zipf in der staatlichen Lehranstalt in der Rebenzüchtung, eine Zeit, die er unter „sehr wichtigen Erfahrungen" abbucht. „Dass Junges Schwaben eine solche Dynamik entwickelt, habe ich nicht erwartet", sagt er heute im Rückblick. In der Gruppe ist er für die rote Cuvée zuständig. Meist zu 90 Prozent aus Lemberger, ergänzt mit Spätburgunder, kreiert er jedes Jahr eine gehaltvolle Mischung für dieses hochwertige Etikett. Wie sich die Sorten ergänzen, fasziniert ihn dabei besonders. „Man muss regional bleiben, die heimische Stärke suchen", sagt er zum Konzept. 60 Prozent rot und 40 Prozent weiß ist die Aufteilung bei seinen zwölf Hektar. Neben der Cuvée gilt der Grauburgunder als Tipp. Seine Hauptrebsorten sind Riesling, Silvaner, Lemberger und Spätburgunder. Und natürlich steht auch Trollinger in den Weinbergen, zum Beispiel in einer Steillage, die er besonders pflegt, obwohl die Kundschaft von außerhalb gar nicht so viel mit der Sorte anfangen konnte. Der Weinführer Eichelmann kürte diesen Wein zum besten seiner Art in Württemberg.

Weingut Zipf
Vorhofer Straße 4
74245 Löwenstein
Telefon 0 71 30 – 61 65
www.zipf.com

die Prüfung zum Weinbaumeister abgelegt und baute einen Kundenstamm auf. Die Hälfte der Weingutbesucher kam von weit her, aus dem Norden. Jürgen Zipf, Jahrgang 1974, setzte nach seiner Übernahme im Jahr 2004 konsequent auf eine bessere Qualität. „Kein leichter Prozess", erzählt er: „Man muss den Kunden erst einmal erklären, wieso sie für einen Kerner, der früher drei Euro in der Literflasche gekostet hat, nun plötzlich acht Euro bezahlen sollen – jetzt für drei Viertel Liter."
Dass die Qualität ausschließlich im Weinberg entsteht, dieser Meinung hat sich auch Jürgen Zipf angeschlossen. Im Keller beweist er dann Geduld, gibt seine Rotweine erst zwei oder drei Jahre nach der Lese in den Verkauf. Er versteht das Weinmachen als „Handwerk mit Fingerspitzengefühl". Schon als klei-

Aus der Heimat Erde

WERNER KUHNLE BAUT IN STRÜMPFELBACH AUF BEWÄHRTES – UND NEUES

Strümpfelbach ist Idylle pur, wie es der Name verspricht. Klar, am Dorfeingang gibt es ein bisschen Industrie, wie im Schwabenland üblich, aber es folgt die perfekte Fachwerkkulisse. Ein Strümpfelbacher nimmt dieses Erbe besonders ernst: Werner Kuhnle hat mitten im Dorf nach und nach ein Ensemble aus Fachwerkhäusern zusammengekauft und originalgetreu renoviert. Er ist der Prototyp des Dorfmenschen. Eine solche Beschreibung würde der Wengerter nicht als Beschimpfung auffassen, er sieht sich selbst so und pflegt dieses Image auch äußerlich. Deshalb

trägt Werner Kuhnle grundsätzlich Janker, niemals Anzug. Selbst als er für den besten Riesling des Jahrgangs 2009 von ganz Baden-Württemberg im Stuttgarter Neuen Schloss ausgezeichnet worden ist, verzichtete er auf den Anzug. „Was anderes passt einfach nicht zu mir. Ich bin eben ein extrem bodenständiger Mensch", sagte er bei dem vom Land ausgeschriebenen Weinwettbewerb Artvinum.

Was dies für ihn bedeutet, erfährt der Besucher, wenn er im rustikalen Verkostungsraum des im 16. Jahrhundert erbauten Hauses landet. Wer mit Werner Kuhnle

Werner und Margret Kuhnle: bodenständig und schaffig

Aus der Heimat Erde:
Gestein aus dem Remstal

über den Wein reden will, muss sich zunächst einmal an einen Tisch setzen. Dann gibt's was zu essen und was zu trinken. Nicht über seinen Wein, sondern über Strümpfelbach und das revolutionäre Potenzial der Remstäler redet er als Erstes. Der Bauernaufstand begann hier – und solche Geschichten gefallen Werner Kuhnle, der zuweilen ebenfalls den Aufstand gegen das Establishment probt. Jahrelang hat er über die Ungerechtigkeiten bei den Beurteilungen in den Weinführern gewettert: dass die Großen groß rauskommen, die Kleinen übersehen werden, und Beziehungen mehr zählen als Bemühungen. Ihm ging es um eine faire Bewertung aller Kollegen, aber den Kritikern ging er gehörig auf die Nerven.

Mit seinem Dickschädel hat er seinen Betrieb allerdings auch stets vorwärts gebracht. Mit einem halben Hektar an Weinbergen fing Werner Kuhnle 1983 mit seiner Frau Margret an; beide Eltern hatten Mischbetriebe. Er hat die Techniker-Ausbildung in Weinsberg absolviert und damals bei der Kochertal-

Kellerei gearbeitet. Der weit und breit jüngste Kellermeister sei er gewesen, erzählt er stolz. Am Wochenende pflegte er die eigenen Reben im Remstal. Seine Frau lernte Bankkauffrau. Sie managt das Büro, den Verkauf, die Vermarktung. Die Söhne haben ebenfalls passende Berufe: Der 1985 geborene Daniel hat Weinbetriebswirtschaftslehre studiert, Matthias, Jahrgang 1988, ist Maschinenbautechniker. Mittlerweile bearbeiten die Kuhnles 23 Hektar, was für hiesige Verhältnisse sehr viel ist. „Ich hätte nie gedacht, dass wir einmal so groß werden", wundert sich Werner Kuhnle selbst. Was er unter schaffen versteht, würde manch anderer wohl eher als schuften bezeichnen. Aber ohne viel Fleiß ließe sich kaum ein solches Ensemble aufbauen.

„Aus der Heimat Erde zog ich meine beste Kraft", ist der Leitspruch des Strümpfelbachers. Wenn er mit dem Bauernaufstand fertig ist, folgt ein Vortrag über die Gesteine. Etwa über den Stubensandstein, ein Quarz, der so heißt, weil damit früher die Stuben gescheuert wurden. Der befindet sich in den oberen Lagen, wo die Weißweine stehen. Ein magerer Boden, der sie fein und elegant macht. Vom bunten Mergel erzählt er und vom Keuper und holt dazu Anschauungsmaterial an den Tisch. Und weil er sehr gerne Bekenntnisse abgibt, wie „auf Bewährtes aufzubauen, ist unsere Pflicht", ist es wiederum logisch, dass Riesling und Trollinger für ihn immer die wichtigsten Sorten sein werden. Einerseits. Gleichzeitig ist er natürlich auch äußerst flexibel, wenn es um das Bewahren seines Betriebs geht: „Man kann unmöglich darauf verzichten, Neues auszuprobieren", sagt er. Werner Kuhnle pflanzte als einer der ersten Württemberger im größeren Stil Chardonnay. Nach wie vor gilt sein einfacher Chardonnay unter den Weinkritikern als wunderbares Schnäppchen. Er pflanzte Merlot, Cabernet, Sauvignon blanc – und Garanoir, den er als einer von ganz wenigen sortenrein ausbaut. Auf seiner Weinliste stehen 60 verschiedene Tropfen. Zuletzt machte er einen Vin Santo, wie die Italiener im Trentin einen Wein aus getrockneten Trauben nennen. Dort kennt er Winzer. „Ich finde einfach, dass wir dazu ziemlich ideale Voraussetzungen haben, warum sollte ich das dann nicht machen?", fragt er rein rhetorisch.

Ja, warum nicht? Denn bei den Leuten kommt der Wengerter mit seiner Art, seinen Werten und seinem Wein offensichtlich sehr gut an. Die Kuhnles verkaufen 90 Prozent ihrer Produktion direkt vom eigenen Weingut weg. Fast jeder Kunde bekommt eine genaue Erklärung dazu geliefert – vom Bauernaufstand über die Böden bis hin zum jeweiligen Wein. So sei das eben auf dem Dorf, sagt Werner Kuhnle, da schwätze man noch miteinander.

Weingut Kuhnle
Hauptstraße 49
71384 Weinstadt-Strümpfelbach
Telefon 0 71 51 – 6 12 93
www.weingut-kuhnle.de

Weinstadt – wenn eine Stadt schon so heißt: fünf Dörfer, viel Wein

Der Name lag einfach sehr nahe, denn Beutelsbach, Endersbach, Großheppach, Schnait und Strümpfelbach sind rundum von Reben umgeben: Zu Weinstadt wurden die fünf Dörfer 1975 zusammengeschweißt, beziehungsweise – in diesem Fall vielleicht das bessere Verb – vergoren. Die Mehrheit der insgesamt 26 000 Einwohner hatte eben diesen Namen vorgeschlagen. Seither ist die Kommune eines der größten Weinbauzentren Württembergs mit 505 Hektar Rebfläche auf ihrer Gemarkung. In Weinstadt sitzen fast zwei Dutzend selbstständige Weingüter und die Remstalkellerei, die die Trauben von 2000 genossenschaftlich organisierten Wengertern ausbaut.

Namensgebend: Weinberge bei Beutelsbach

Ein guter Platz in den Weinbergen

WOLFGANG KLOPFER MACHT IN GROSSHEPPACH WEINE MIT PROFIL

Wolfgang Klopfer ist mit seinem Platz zufrieden. Das gilt einerseits für die Lage seines Weinguts oberhalb von Weinstadt-Großheppach, mitten zwischen den Reben: Von diesem Aussiedlerhof reicht der Blick weit übers Remstal. Und es gilt für die Positionierung seines Betriebs in der mittleren Spitze der württembergischen Wengerter. „Nach oben ist noch Luft", sagt er und lächelt entspannt. Das bedeutet in etwa: Dort kann sich sein Sohn Christoph später einmal austoben, wenn er denn will. Wolfgang Klopfer hat

im Prinzip sein Ziel erreicht, er hat einen klassischen Mischbetrieb mit Vieh, Obst und eineinhalb Hektar Reben kontinuierlich in ein Weingut mit elf Hektar umgewandelt. „Man muss nicht immer groß sein", findet er, „sonst muss man immer Gas geben und steht immer unter Druck." Fürs Rampenlicht ist er auch nicht der Typ. Er lässt seine Tropfen für sich sprechen, will mit der Qualität seiner Arbeit überzeugen. „Weine mit Profil" lautet sein Motto.

1980 brachte Wolfgang Klopfer seinen ersten Jahr-

Wolfgang Klopfer: Technik für den schonenden Umgang mit den Trauben

gang heraus. Trollinger, Lemberger und Riesling umfasste damals sein bescheidener Sortenspiegel. „Ich bin mal zwei Jahre lang ein sogenannter Garagenwinzer gewesen", erzählt er und muss bei dem Gedanken an früher schmunzeln. In Weinsberg hatte er gerade die Ausbildung zum Weinbautechniker absolviert, als er in Italien auf den Geschmack kam, den er nach Württemberg verpflanzen wollte. Noch am Anfang des neuen Jahrtausends galt er als Geheimtipp, so wenig Aufheben machte er um sich und seine Weine. Erst von 1995 an erweiterte er sein Spektrum, löste sich schrittweise von der Literflaschenproduktion, setzte auf Premiumtropfen statt auf Viertelesschoppen. Er ließ sich Zeit, herauszufinden, in welcher Lage welche Sorte am besten gedeiht. „Es geht halt langsam, bis man weiß, was Sache ist", sagt er.

Seinen Job geht Wolfgang Klopfer überhaupt sehr überlegt an. An der Gundelsbacher Straße stellte er 1996 ein Wohnhaus mit zwei großen Hallen hin, denn unten im Dorf war es zu eng geworden. Der Betrieb ist so angelegt, dass ihn eine Person alleine führen könnte – wenn nicht ständig geputzt werden müsste. „Ich will alles selbst machen können, die Verantwortung tragen, draußen im Weinberg und im Keller", sagt er. Und seine Kellertechnik, die natürlich nicht wirklich sehr technisch ist, wie er (und sicherlich jeder Winzer) betont, hat er so angelegt, dass von der Abbeermaschine bis zu den Edelstahltanks und Fässern die Schwerkraft die Richtung bestimmt. „Alle 20 Jahre wird der Weinbau neu erfunden", erklärt Wolfgang Klopfer mit einem Augenzwinkern, „und momentan gilt, alles so schonend wie möglich zu verarbeiten." Die Klopfers sind klassische schwäbische Weingärtner. Bis ins 16. Jahrhundert reicht auch in dieser Familie der Beruf zurück. Der Großvater verkaufte den Wein noch im Fass an die Weinherren, der Vater trat in die Genossenschaft ein und der Sohn, Jahrgang 1959, wieder aus. Auf 50 Parzellen zwischen Geradstetten und Kleinheppach verteilen sich die Rebflächen, plus ein halber Hektar Steillage am Cannstatter Zuckerle, den seine Frau Dagmar einbrachte.

Vor allem mit seinen roten Spitzentropfen hat sich Wolfgang Klopfer seinen guten Ruf erarbeitet, der Merlot und die Cuvée Modus K aus dem Barrique überzeugen die Weinkritiker regelmäßig. Praktisch für den Wengerter ist, dass er auch gar nicht viel Werbung für sich machen muss: Fast 80 Prozent seiner Flaschen verkauft er direkt vom Hof weg. „Aber von alleine kommen die Kunden nicht, der Wein muss schon gut sein", betont er und seine Frau, Jahrgang 1966, ergänzt: „Weintrinker sind angenehme Menschen und sehr treu, wenn sie gut versorgt werden." Der Sohn Christoph, Jahrgang 1990, absolviert derweil den neu geschaffenen dualen Studiengang Önologie und Weinbau in Neustadt an der Weinstraße. In drei Jahren schafft er dort die Winzerlehre und den akademischen Bachelor-Abschluss auf einen Rutsch. Der Junior scheint bald höher hinauszuwollen.

Weingut Klopfer
Gundelsbacher Straße 1
71384 Weinstadt-Großheppach
Telefon 0 71 51 – 60 38 48
www.weingut-klopfer.de

Eine individuelle Geschichte

So beginnt wahrscheinlich eine beachtliche Karriere: Plötzlich taucht ein Weingut in allen möglichen Listen auf. Gerhard Eichelmann hat den jungen Remstäler bereits 2010 in sein Buch „Deutschlands Weine" aufgenommen, zwei Jahre später gibt er ihm zwei von fünf Sternen. Der Gault Millau, meistens etwas zurückhaltender mit Neuentdeckungen, hat Andreas Knauß in die Ausgabe 2012 aufgenommen – als empfehlenswert. „Beachtlich" und „ambitioniert" lauten darin die Adjektive. Im Feinschmecker-Büchlein über die besten Weingüter Deutschlands ist er jetzt auch drin. Der Wein-Blogger Captain Cork nennt ihn „höchst begabt". Und der norddeutsche Weinautor Mario Scheuermann, der mit dem österreichischen Wein-Magazin Falstaff zusammenarbeitet, scheint ganz hin und weg von ihm zu sein: Beim Spätburgunderpreis des Hefts landete er unter den Württembergern auf Platz 5 und 7, bei der Sauvignon blanc Trophy 2011 deutschlandweit unter den besten 10. Für Scheuermann und Falstaff ist er definitiv einer der Aufsteiger des Jahres.

Dabei ist Andreas Knauß, Jahrgang 1982, bereits seit 2002 im Geschäft. „Ich bin froh, dass ich so früh angefangen habe, ich kann mit 29 schon von Erfahrung sprechen", sagt er und lacht. Er lacht überhaupt sehr viel, der Job des Winzers macht ihm eindeutig gute Laune. Er nennt ihn sein Hobby, die Abwechslung findet er spannend: Mal steht er in den Reben, mal im Keller. Er sitzt im Büro, geht auf Messen, macht Präsentationen in Restaurants und gibt Interviews. „Ich muss mich morgens nicht aus dem Bett quälen", sagt er und lacht wieder. Eine Lehre bei Bernhard Ellwanger hat Andreas Knauß absolviert. Er machte in Weinsberg die Techniker-Ausbildung, und im Verkaufsraum hängt der Meisterbrief vom Dezember 2009. Eine prägende Geschichte war ein längerer Aufenthalt im Burgenland. Bei den Österreichern habe er das Potenzial des Lembergers erkannt, erzählt er. Der soll zu seiner Hauptsorte werden.

Wenn in der Familie Knauß Pläne geschmiedet werden, werden sie auch umgesetzt. Horst Knauß (Jahrgang 1959), der Vater von Andreas, hatte keine Lust mehr aufs „Schaffen beim Daimler", weil er weg von der Industrie und zurück zum handwerklichen Arbeiten wollte. Also gründete er das Weingut. Ein halber Hektar diente als Grundlage – und der Sonna-Besa mit 50 Sitzplätzen. Auf drei Hektar erweiterte er die Fläche bis 2001. Als der Sohn dazukam, nahm das Wachstum rasant Fahrt auf: Im Jahr 2007 haben die Knauß' von fünf auf elf Hektar zugelegt, drei davon liegen in Lehrensteinsfeld hinter Heilbronn. Bauen musste die Familie daraufhin schon wieder, nicht ganz so modern, wie's die Winzer im Burgenland tun, aber für württembergische Verhältnisse sehr fortschrittlich: ein Flachdachbau aus Sichtbeton, Holz und Glas mit klaren Linien und mit modernstem Keller, einem Weinlager, 130 Quadratmeter großem Verkostungsraum und einer Wohnung für den Junior auf dem Dach – mitten in den Weinbergen. Die Weinstädter Gemeinderäte waren zunächst nicht begeistert, ließen sich aber durch eine Tieferlegung und Begrünungen beschwichtigen.

„Wir machen eine individuelle Geschichte", sagt Andreas Knauß über den Betrieb, den er mit seinen Eltern Horst und Margit führt. Dem Lemberger will er zum Beispiel langfristig 65 Prozent seiner Fläche einräumen, Riesling und Sauvignon blanc sollen die anderen Hauptsorten werden. „Wir hatten auch einmal 34 Weine auf der Karte", sagt er über die württembergische Eigenart, mit der er radikal aufräumen will.

Auf zehn Sorten kommt er. Momentan liegt der Rotweinanteil bei 70 Prozent inklusive Trollinger. Und er schafft ein Utensil ab, das, noch nicht lange her, mit viel Pomp eingeführt worden war: das Barrique. „Weine sollten ins Holz, aber nur unterstützend", findet der Aufsteiger. Damit die Dosis nicht zu hoch wird, sind seine Fässer mindestens doppelt so groß wie das französische und nur schwach getoasted. Er lässt seine Weine spontan vergären, nimmt keine Reinzuchthefen und will nicht in den Prozess eingreifen, denn „sonst könnte ich Cola machen".

Andreas Knauß hat ein feines Händchen für sein Geschäft. Nebenbei hat er ein Projekt am Laufen, das marketingtechnisch absolut schick aufgemacht ist. „Parfüm der Erde" nennen der Jungwinzer und sein Compagnon Rainer Scholz ihren Wein. Letzterer, rund 20 Jahre älter und in der Telekommunikationsbranche tätig, hatte sich in Strümpfelbach einen Weinberg gekauft. Seit 2006 baut Andreas Knauß die Weine aus, sie tragen die Geodaten auf dem Etikett.

Regent, Spätburgunder, Riesling und Müller-Thurgau gibt es unter diesem Label. Das für den Regent sieht so aus: 48° 47' 18'' North, 009° 21' 53'' East. „Wir vertrauen auf Rebsorten, die typisch für die Gegend sind und oft eine jahrhundertealte Anbautradition besitzen", steht vollmundig auf der Homepage – obwohl 50 Prozent der Sorten eine Kreation des 20. Jahrhunderts sind. Also, mit der Tradition muss man es nicht so ernst nehmen in dieser Branche, in der jeder Winzer genau darauf pocht. Es kommt aber darauf an, was in der Flasche steckt – und das ist bei Andreas Knauß vielversprechend. Ein Vorbild habe er nicht, sagt er selbstbewusst, „ich will meinen eigenen Stil haben".

Weingut Knauß
Nolten 2
71384 Weinstadt-Strümpfelbach
Telefon 0 71 51 – 60 63 45
www.weingut-knauss.com

Andreas Knauß:
gefragter Jungwinzer

Friedrich und Jens
Zimmerle: Vater und
Sohn ergänzen sich

Korber Köpfe mit Aussicht

BEI DEN ZIMMERLES MISCHT DER SOHN JENS DEN KELLER AUF

Mit seiner Plattensammlung will sich Jens Zimmerle nicht fotografieren lassen. Als DJ hat er früher auf der Stuttgarter Clubmeile Theodor-Heuss-Straße das Partyvolk zum Tanzen gebracht. Aber mittlerweile ist er Winzer, und das Image eines Discjockeys will er nicht mit seinem heutigen Berufsbild vermischen. Viel lieber lässt sich Jens Zimmerle im Keller ablichten, für den er seit seinem Einstieg in den väterlichen Betrieb im Jahr 2008 verantwortlich ist. Oder auf dem Korber Kopf: Zusammen mit seinem Vater Friedrich klettert er dann aufs Dach eines Weinberghäusles. Von dort oben aus reicht die Aussicht weit über die Weinbaugemeinde mit ihren rund 10 000 Einwohnern

hinaus. Ein sehr passendes Bild, denn im Jahr 2011 ging es für das Weingut der Zimmerles aufwärts. „Zimmerle 1647" steht auf den schlichten Etiketten der Korber, weil die Vorfahren Weingärtner waren und weil Vater und Sohn wie viele Wengerter gerne mit „Tradition und Innovation" werben. Eigenen Wein machen sie aber erst seit 1979, nachdem Friedrich Zimmerle aus der Genossenschaft ausgetreten ist. Gerade 2,5 Hektar Reben besaß er, mit Trollinger, Riesling und Kerner legte er los und mit einer Besenwirtschaft zum Geldverdienen. Zu der Zeit gab es vielleicht ein Dutzend Weingüter neben der Remstalkellerei, und der Drang zur Selbstständigkeit lag vermutlich darin begründet, dass Friedrich Zimmerle anders als die meisten Genossen eine für damalige Verhältnisse recht mondäne Ausbildung absolviert hatte: Er war beim VDP-Weingut Graf von Bentzel-Sturmfeder in Schozach in die Lehre gegangen.

Diese Geschichte wiederholt sich mit der neuen Generation. Die Ausbildung von Jens Zimmerle ist wiederum mondäner als die seines Vaters. Bei den VDP-Mitgliedern Gert Aldinger und Jürgen Ellwanger ging er in die Lehre, studierte Weinbetriebswirtschaftslehre in Heilbronn und verbrachte neun Monate in St. Émilion. Sein „Studium im Keller" nennt er die Zeit im Bordelais. Er ist sich sicher, dass die Jungen dem Württemberger einen weiteren Schub geben werden. „Aber nicht, weil wir heller sind – es liegt an der Ausbildung, der Auslandserfahrung vor allem." Jens Zimmerle sieht viel Entwicklungspotenzial im Weinberg und in der Kellertechnik. Zum Beispiel experimentiert er mit unterschiedlichen Pfropfreben, hat französischen Merlot und Merlot aus Südtirol im Versuchsanbau.

Besonders mit den Rotweinen kommt das Weingut Zimmerle bei Verkostungen gut an. „Juhu, unser Weingut wird nach der ersten Einreichung unserer Weine sofort aufgenommen und empfohlen", freute sich Jens Zimmerle auf Facebook über das Buch „Deutschlands beste Weingüter 2012" des Magazins Feinschmecker. „Und jetzt kommt's: Der 2009er-Lemberger QbA wurde darin zum Besten seiner Sorte und zu den besten 14 Rotweinen Deutschlands gekürt." Eichelmann lobte hingegen den 2009er-Samtrot und den 2007er-Merlot Reserve in den höchsten Tönen. Er hält die Korber für „hervorragende Weinmacher". Und im Gault Millau gab es für 2012 eine rote Traube, was bedeutet, dass der Betrieb in seiner Klasse „besonders viel Aufmerksamkeit" verdient. Die hochwertigen Barrique-Rotweine und der Basis-Rotwein Essenziell haben in diesem Fall die Kritiker überzeugt. „Insgesamt scheint sich hier ein bemerkenswertes Talent für Rotweine abzuzeichnen", schreiben sie. Aber es ist nicht so, dass Jens Zimmerle Weißwein nicht be-

herrschen würde: Bei der Sauvignon blanc Trophy 2011 landete er mit seinem Tropfen unter 142 eingereichten Weinen auf Platz 8.

Friedrich und Jens Zimmerle wollen ihr Weingut weiter wachsen lassen; von momentan zwölf auf 15 Hektar. Natürlich wird der Sohn dabei einiges anders als der Vater machen. Er will zum Beispiel die Rebflächen „behutsam umstrukturieren". Korb sei früher die größte Trollinger-Gemeinde im Remstal gewesen, erzählt der Vater – 90 Prozent nur Trollinger. Aber das schwäbische Acht-Gang-Menü – ein Rostbraten und sieben Viertele –, das gebe es doch kaum noch, sagt Friedrich Zimmerle, Jahrgang 1953. Überhaupt würden heute ganz andere Weine produziert als vor 30 Jahren. Jens Zimmerle, Jahrgang 1980, will mit Lemberger und Spätburgunder, Merlot und Zweigelt und weißem Burgunder groß herauskommen. „Den Trollinger lasse ich aber nicht aussterben", stellt er klar.

Als Winzer mit dem Motto „Tradition und Innovation" hat er den Geschmack seiner Kundschaft stets im Blick. Und der reicht nun mal von Trollinger bis Housemusik. Trotz aller seriöser Imagepflege ist Jens Zimmerle weiterhin auf der Theodor-Heuss-Straße anzutreffen. Im Barcode legt er immer mal wieder Platten auf. Überhaupt ist er mit dem Club sehr verbandelt: Die Geschäftsführerin ist seine Frau. Der Club ist also nicht nur der Musik wegen eine sehr gute Adresse, Yvette Zimmerle schenkt logischerweise dem Partyvolk die Weine ihres Mannes aus. Sofern sich darunter ein echter Weinliebhaber befindet, darf er getrost nach einem exklusiveren Tropfen fragen. Manchmal schlummern hinter der Theke die Restflaschen von spannenden Verkostungen. Womit der Club eine herausragende Stellung im Stuttgarter Nachtleben einnimmt.

Weingut Friedrich Zimmerle
Kirchstraße 14
71404 Korb
Telefon 0 71 51 – 3 38 93
www.zimmerle-weingut.de

Die Marktfrau unter den Winzern

BARBARA MEDINGER-SCHMID, DIE ALLROUNDERIN AUS KERNEN-STETTEN

Barbara Medinger-Schmid steht lieber auf zwei Standbeinen. Das sind bei ihr: sechs Hektar Weinbau und vier Hektar Obstbau. „Ich mache es auch gerne", sagt sie. Dazu zählt, samstags in aller Herrgottsfrühe in Esslingen auf dem Markt präsent zu sein. Da verkauft sie je nach Jahreszeit ihr Obst, ihre Kürbisse und anderes Gemüse – und den eigenen Wein. Die Kombination zahlt sich für die Stettenerin aus, aber sie ist ungewöhnlich für ein Weingut dieses Ranges. Im Gault Millau zählt Barbara Medinger-Schmid seit 2004 mit

der Auszeichnung von einer Traube immerhin zu den 40 Spitzenbetrieben in Württemberg – als einzige Kellermeisterin. Vermutlich hat es mit ihrem Einstieg in den Beruf zu tun, der damals eben noch eine richtige Männerdomäne war.

„Mein Vater hat nur drei Töchter gehabt", sagt Barbara Medinger-Schmid, Jahrgang 1964, „das haben wir unser ganzes Leben lang gehört." Die Betonung lag dabei natürlich auf dem kleinen Wörtchen nur. Weil das Weingärtnern seit 1764 in der Familie ver-

Barbara Medinger-Schmid:
Zum Spargel gibt
es den eigenen Wein

wurzelt ist, arbeiteten ihre Eltern trotzdem darauf hin, dass eines der Mädels den Betrieb übernimmt. Dabei sind sie clever vorgegangen. Früh durfte Barbara ihre selbst gepflanzten Kürbisse und Astern auf dem Markt verkaufen. Die Erkenntnis dabei: „Wenn du was machst, verdienst du Geld." Und so entschied sie sich im Alter von 15 Jahren gegen das Abitur und für eine Lehre im Weinbau. In Heilbronn fand sie einen Lehrbetrieb. Die Anmeldung bei der Landjugend war obligatorisch. „Da suchst du dir einen Mann nach den Hektar aus, sonst bist du dumm", riet der neue Chef.

Im Prinzip hatte ihr Meister recht. „Weinbau ist ein Knochengeschäft", sagt Barbara Medinger-Schmid. Man muss Kisten schleppen, Pfähle in die Erde schlagen und ständig in der Kälte stehen. Und die körperlichen Grenzen sind bei Frauen nun mal schneller erreicht als bei Männern. Problematisch wird's, wenn zwischen Riesling und Trollinger eine Geburt erfolgt: Als Barbara Medinger-Schmid ausgerechnet zur Lesezeit im Krankenhaus lag, gab sie ihrem Mann am Telefon Schritt für Schritt Anweisungen, was er im Keller zu tun hatte. „Er wusste ja nicht, wie es geht." Apropos: Männer wie Markus Schmid sind für Winzerinnen das reinste Glück. Er gab seinen Beruf als Erzieher auf, stieg voll in den Betrieb ein, heiratete nicht nur sie, sondern die Schwiegereltern dazu und hatte viele Sprüche zu ertragen.

Wenn Barbara Medinger-Schmid über die Arbeitsaufteilung auf ihrem Hof redet, klingt es nach einer merkwürdigen Mischung aus Emanzipation und althergebrachten Rollenbildern. „Ich bin ein Wengerter, der in den Wengert und in den Keller gehört", sagt sie zum Beispiel. Und dass ihr Mann für die Maschinenarbeiten zuständig ist. Die Handarbeit auf dem Acker und im Weinberg wiederum – wie könnte es anders sein? – erledigt sie mit ihren Mitarbeiterinnen. Handarbeit ist für sie eben doch Frauensache. Zum Schluss stellt sie dann noch klar: „Den Keller mache ich, mein Mann darf zwar mitprobieren, aber die Entscheidungen treffe ich."

Wie ihr Mann hat sie sich schon jede Menge in ihrem Beruf anhören müssen. Zumindest vor 30 Jahren. Regelrechte Abschätzigkeit erlebte Barbara Medinger-Schmid bisweilen, über die die staatlich geprüfte Technikerin für Weinbau und Kellerwirtschaft längst laut lacht. Als ihr Vater einst auf dem Markt einem Kunden erklärte, den Wein habe seine Tochter gemacht, stellte der die Flasche wieder hin und lief weg. Und während ihres Praktikums bei Feinkost Böhm musste sie sich in der Weinabteilung öfter anhören: „Von einer Frau lasse ich mich nicht beraten." Zu Anerkennung und Respekt verhalfen ihr erst die ersten grauen Haare.

Nicht die große Klappe, sondern eher zu viel Zurückhaltung ist wohl ihre Schwäche. Bei Veranstaltungen überlässt Barbara Medinger-Schmid gerne ihrem Gatten das Reden. Dabei hat sie das Weingut seit dem ersten eigenständigen Jahrgang 1988 kontinuierlich nach vorne gebracht; die Kollegen lässt sie nicht gerne an sich vorbeiziehen. Nach außen tritt der Ehrgeiz aber nur sehr dosiert. „Ich möchte kein Fünf-Sterne-Ding, ich möchte noch etwas anders machen, mich um meine Familie kümmern", sagt sie. Ohne ihren Clan könnte sie diesen Beruf schließlich gar nicht ausüben – und die vier Söhne bieten die Perspektive, dass die Tradition bei den Medingers ganz traditionell fortgesetzt wird.

Weingut Medinger
Brühlstraße 6
71394 Kernen-Stetten
Telefon 0 71 51 – 4 45 13
www.weingut-medinger.de

Nicht nur Essig in Esslingen

HANS KUSTERER KÄMPFT UM DIE WEINBAUTRADITION IN DER EINSTIGEN REICHSSTADT

Stuttgarter können ganz schön gemein sein. Wenn ihnen ein Wein nicht schmeckt, sagen sie: „Das ist wohl ein Esslinger Hengstenberg." Lange Zeit galt, dass der Essig aus der einst Freien Reichsstadt trinkbarer war als der Rebensaft. Aber die Esslinger schlagen in solchen Fällen zurück – zum Beispiel mit der Urkunde, die älteste Weinbaugemeinde Württembergs zu sein. Im Jahr 777 – vor den Remstälern – haben sie ein Siegel dafür bekommen, dass bei ihnen Wein wächst. Auf der Internetseite der Stadt können sie es sich außerdem nicht verkneifen, auf ihre Überlegenheit hinzuweisen: „Anfang des 14. Jahrhunderts unterwirft sich sogar Stuttgart der Stadt Esslingen", steht dort. Nicht zu vergessen in dieser Liste der Esslinger Errungenschaften ist die im süddeutschen Raum maßgebliche Maßeinheit für Wein: der Esslinger Eimer, der etwa 300 Liter fasste. Leider endete die Geschichte vom Esslinger Wein mit einem dementsprechenden Kater. Von den einst 1200 Hektar sind nur 85 Hektar Rebfläche übrig geblieben.

In der Gegenwart setzen nun die Esslinger Hans und Monika Kusterer wieder neue Maßstäbe – mit einem topmodernen Neubau in den Weinbergen. Damit besitzt das Ehepaar sowohl Süddeutschlands älteste Kelter aus dem Jahr 1347 als auch die momentan progressivste. Die Investition ist durchaus bemerkenswert, nicht nur vom Betrag her, der siebenstellig gewesen sein soll, sondern auch, weil die Kusterers bisher vor allem Traditions- und Geschichtsbewusstsein gepflegt haben. So viel bedeutet ihnen die Historie, dass sie die mittelalterliche Kelter 1991 kauften und in Handarbeit renovierten. Monika Kusterer ist darüber hinaus als Stadtführerin in Esslingen unterwegs. Grauer Beton mitten in einem grünen Weinberg passt

eigentlich auf den ersten Blick nicht dazu. Aber bei den Kusterers ist jeder Schritt genau durchdacht, und so fügt sich die neuartige Kelter ganz hervorragend ins Gesamtbild des Weinguts ein. Das Gebäude ist derart landschaftsschonend in den Berg eingelassen worden, dass es von fast keinem Punkt der Umgebung aus zu sehen ist. Das haben Beamte des Regierungspräsidiums Stuttgart ausführlich geprüft.

In Esslingens Altstadt ist es Hans und Monika Kusterer, Jahrgang 1958 und 1957, zu eng geworden. Ihr Weingut befindet sich in der traditionellen Wengerter-Beutau, einer engen Kopfsteinpflastergasse, nur fünf Gehminuten von der Frauenkirche entfernt. Genauso schnell ist man von dort in den Weinbergen. 5,5 Hektar bewirtschaftet Hans Kusterer aktuell. Den Betrieb hat er 1983 übernommen, sein Vater führte ihn noch als Bauernhof mit Äckern und einer Lohndrescherei. Eine Weinbaulehre machte der Sohn, weil er erkannt hatte, „dass in der Landwirtschaft nichts verdient ist". Bei der letzten Lese vor dem Umzug musste er sogar das Trottoir dazu nehmen, denn im verwinkelten Keller des Wohnhauses mangelte es trotz eines Anbaus an Platz. Vor allem für seine Rotweine wird der Esslinger gelobt, Lemberger, Zweigelt, Spätburgunder und an erster Stelle die Cuvée Mélac. Am Anfang reichten ihm drei Barrique-Fässer, heute muss er 80 Stück davon unterbringen.

„Quadratisch, praktisch, gut", nennt Hans Kusterer die neue Kelter in der Neckarhalde, die nicht nur deshalb futuristisch ist, weil sie auch für den Sohn Maximilian, Jahrgang 1991 und Student in Geisenheim, gebaut worden ist. Die Betonkonstruktion hat vier Stockwerke und bietet 800 Quadratmeter Nutzfläche. Monika Kusterer, Ingenieurin für Produktionstech-

nik, ist besonders stolz auf dessen Innenleben, das sie entwickelt hat, die „Nicht-Technik", wie sie es nennt: Die Schwerkraft transportiert die Trauben, deren Saft und schließlich den Wein von Stockwerk zu Stockwerk. Oben wird die Lese angeliefert, ganz unten reift der Wein in den Fässern. Pumpen sind überflüssig, gefiltert werden muss auch nicht, weil sich die Sedimente von allein absetzen. „Gravitationskelter" heißt das System im Fachjargon. Ein gutes Klima herrscht darin außerdem, mit konstant 12 Grad, die per Erdwärme und einem Belüftungssystem generiert werden. Als „steinerne Maschine" bezeichnet Hans Kusterer die Kelter gern, in der sich der Wein praktisch von selbst mache.

Seine Arbeitskraft muss der Wengerter in seine Weinberge stecken; drei Hektar davon sind Steillagen. Der Terrassen-Weinberg am Esslinger Schenkenberg hat eine Steigung von 100 Prozent, das entspricht einem Winkel von 45 Grad. Gegenüber flachen Rebzeilen ist

der Arbeitsaufwand dort vier Mal so hoch. 1000 Stunden sind es pro Jahr und Hektar, hat Hans Kusterer ausgerechnet. Damit sich die Mühe auch auszahlt, hat er im Herbst 2009 mit drei Kollegen, einem von der Mosel, einem aus dem Rheingau und einem aus Franken, die Montan-Union gegründet, eine Art Marketing-Gemeinschaft. Mit einem Steinbock werben sie für ihre harte Arbeit. Dass der Wein aus Steillagen wegen der mineralischen Böden aromatischer ist und wegen der stärkeren Sonneneinstrahlung süßer, ist in Esslingen übrigens schon seit dem Mittelalter bekannt: Unter den Staufern wurden die Reben vom Tal an die Hänge verpflanzt.

Weingut Kusterer
Untere Beutau 44
73728 Esslingen am Neckar
Telefon 0711 – 35 79 09
www.weingut-kusterer.de

Monika und Hans Kusterer: Schwerkraft macht guten Wein

Eine tonangebende Familie

ERNST DAUTEL HAT IN BÖNNIGHEIM SPUREN HINTERLASSEN, SEIN SOHN CHRISTIAN FINDET NEUE WEGE

Ernst Dautel ist nicht zu überhören. Bei Verkostungen kann man seinen Stand schon von Weitem ausmachen – immer der Stimme nach. Sie hat einen ganz eigenen Tonfall, zuweilen überschlägt sie sich, vor allem klingt sie stets gut gelaunt. Ernst Dautel hat Spaß am Reden, das hört man, und wenn er mal in Fahrt ist, hört er nicht so schnell wieder auf. Es gibt halt so viel zu erzählen! Zum Beispiel von dem Weingärtner-Vorfahren, den die Dautels wie fast alle Wengerter-Familien zu bieten haben, eine wirklich schöne Geschichte: Aus Schlechtbach, einem Stadtteil von Rudersberg im Remstal, stammt der Ahne, Jakob Dautel hieß er. Noch heute ist dort ein Platz nach ihm benannt, auf dem passenderweise ein Bacchus-Brunnen steht. Dieser Dautel soll einer der Rädelsführer in den Bauernbünden Armer Konrad gewesen sein, die sich 1514 gegen Herzog Ulrich von Württemberg auflehnten. Der Mann wurde letztendlich geköpft. Ernst

Dautel gefällt die Geschichte trotzdem, denn sie zeigt: „Es gehört zur Familientradition, eigene Wege zu gehen – auch gegen Widerstände."

Wer eigene Wege geht, hinterlässt logischerweise Spuren. Jakob Dautel habe quasi die Basis für das Grundgesetz gelegt, erzählt sein Nachfahre. Der Tübinger Vertrag, der 1514 zwischen Herzog Ulrich und den württembergischen Landständen geschlossen wurde, garantierte unter anderem Schutz vor obrigkeitlicher Willkür. Ernst Dautel wiederum zählt zu dem halben Dutzend Rebellen, die in den 1980er Jahren den württembergischen Wein neu erfunden haben. Sein Vater gab die Trauben noch in der Genossenschaft Meimsheim ab, aber der Sohn hatte in Geisenheim Önologie studiert und wollte seinen eigenen Wein in die Flasche bringen. 1978 füllte er den ersten Jahrgang von eineinhalb Hektar Rebfläche ab. Getreide und Zuckerrüben kultivierte er einige Jahre lang noch nebenbei. 1984 siedelte er mit seinem Hof auf Bönnigheimer Gemarkung aus, in den Heimatort seiner Frau Hannelore, und verdreifachte seinen Weinbergsbesitz. Heute bewirtschaften die Dautels 13 Hektar und bauen vor allem Riesling, Lemberger, Weißburgunder und Spätburgunder an.

„Es war schon witzig damals", sagt Ernst Dautel. Zusammen mit den Mosel-Winzern Heymann-Löwenstein und anderen fortschrittlichen Kollegen hat er im Deutschland des süßen Weins für den trockenen Ausbau gestritten. Aus Frankreich hat er als erster Wengerter Chardonnay nach Württemberg gebracht und gegen viel Widerstand mit einer Sondergenehmigung 1987 die Reben gepflanzt. Im Jahr zuvor setzte er sein erstes Barrique-Fass ein, mit dem er nach Meinung mancher Kritiker meisterhaft umgeht, und 1989 machte er seine erste Cuvée – in der Region, in der das französische Wort Cuvée als Verschnitt übersetzt wird. Er schaffte Kabinett und Spätlese ab, machte nur noch Qualitätsweine und führte ein Sternesystem ein: Vier Sterne gibt es für die besten Tropfen. Seine Weine werden für ihre Eleganz und Langlebigkeit gelobt.

Im Jahr 2000 ist Ernst Dautel in den Verband Deutscher Prädikatsweingüter aufgenommen worden. Der Gault Millau hatte ihm bis 2005 vier Trauben zugedacht, damit stand er an der Spitze des Anbaugebiets. Seit 2006 ist es eine Prädikats-Traube weniger. Für Gerhard Eichelmann gehört er dagegen mit vier Sternen neben Aldinger, Schnaitmann und Haidle weiterhin zu Württembergs Top Four, ja zur Weltklasse. Und 2008 ist er vom Land Baden-Württemberg auf dem Platz des guten Geschmacks im Eingangsbereich der neuen Messe Stuttgart mit einem der 20 an Winzer, Köche und Lebensmittelerzeuger vergebenen Sterne ausgezeichnet worden – neben Gert Aldinger, Jürgen Ellwanger und Hans Haidle. Die Vier haben sich „um das Genießerland Baden-Württemberg verdient gemacht und den guten Ruf des Landes, als eine der führenden Genussregionen glaubhaft verstärkt".

Nun soll Sohn Christian, Jahrgang 1985, übernehmen. Er hat sich bestens auf die Aufgabe vorbereitet, hat ebenfalls in Geisenheim studiert, er war in Südafrika, um Pinot zu machen, im Burgenland für den Lemberger, monatelang in Australien, in Oregon, USA, ein halbes Jahr im Burgund und machte zum Schluss ein Auslandssemester in Bordeaux. Der Generationenwechsel in Bönnigheim klingt so: „Wir haben ein bisschen unterschiedliche Ansichtspunkte", sagte der Vater mit dem Schnurrbart, Jahrgang 1946. „Weinphilosophiemäßig sind wir auf einer Linie", sagt der Sohn mit den Rastalocken, „aber ich will was ausprobieren, und er will Fehler nicht wiederholen." Ernst Dautel grinst dabei sein fröhliches Grinsen und ruft: „Ich gehe bald in Rente!" Und Christian Dautel stellt klar: „Der Übergang wird schon fließend stattfinden." Der Junior hat sich bereits seinen eigenen Weg gesucht. Er setzt aufs Terroir, auf die Lagen, den seiner Meinung nach sehr interessanten Besigheimer Wurmberg mit seinen Terrassen und den Bönnigheimer Sonnenberg. Die Weinberge spielten bei seinem Vater auf den Etiketten keine Rolle, aber bei den vom VDP initiierten Großen Gewächsen, die Dautels machen Riesling und Spätburgunder, stehen die Lagen nach französischem Vorbild im Vordergrund. „Der Wein wird im Weinberg gemacht", sagt Christian Dautel. Irgendwann wird er das Sternesystem seines Vaters abschaffen, denn er will mehr Bezug zum Inhalt der Flaschen schaffen. Er kann über die Keuperlandschaft Württembergs aus dem Stegreif einen Vortrag halten, über den Muschelkalk am Wurmberg, der dem Riesling eine feine Mineralität verleiht, oder den Schilfsandstein am Sonnenberg, der ihm eine frische Zitrusnote gibt. Bei den Dautels gibt eben immer jemand den Ton an.

Weingut Dautel
Lauerweg 55
74357 Bönnigheim
Telefon 0 71 43 – 87 03 26
www.weingut-dautel.de

Ein Aushängeschild fürs Ländle

DAS WEINGUT HERZOG VON WÜRTTEMBERG IN LUDWIGSBURG HOLT AUF

Der Herzog mischt sich gern unters Volk. Zum Beispiel beim Weintreff in der Alten Kelter von Fellbach. Dort schenkt er persönlich den Wein der Hofkammerkellerei aus und wirkt in seinem Janker wie ein gewöhnlicher Weingutsmitarbeiter. Dabei ist er eigentlich eine Königliche Hoheit, als S. K. H. Michael Herzog von Württemberg wird er jedenfalls auf der Internetseite der Hofkammer betitelt: Er ist derjenige aus der Familie, der dem Betrieb ein Gesicht gibt – und kein unnahbarer Adliger, sondern eher hemdsärmelig. „Wir sind dazu erzogen worden, nicht abzuheben", sagte er einmal in einem Interview. Er hat Agrarwissenschaft studiert, sich als Erster der Württemberger der Weinbausparte des Hauses angenommen und damit die Praxis, dass die Herzöge nur manchmal im Keller vorbeischauten, Grüß Gott sagten und Wein probierten, beendet. Ein Praktikum während des Studiums im Familienbetrieb hatte ihn auf diese Idee gebracht. Eigentümer ist er aber nicht, sondern sein großer Bruder Carl.

Die Württemberger sind im Mittelalter auf den Geschmack gekommen: Eine Urkunde von 1289 beweist, dass die Adligen bereits anno dazumal Weinbau betreiben ließen – was zu der Zeit sowieso nur der Kirche und den Feudalherren vorbehalten war. Nach dem Ende des Dreißigjährigen Krieges vergrößerten die Landesherren ihren Weinbergsbesitz. 1649 kaufte Herzogin Anna den Steinbachhof in Gündelbach. In

Michael Herzog von
Württemberg:
bei der Eisweinlese

dem Jahrhundert kamen noch die Rieslinglage Stettener Brotwasser im Remstal und der Untertürkheimer Mönchberg dazu. 1713 kauften die Herzöge den Mundelsheimer Käsberg, 1812 den Hohenhaslacher Kirchberg und 1872 den Eilfingerberg bei Maulbronn. „Die Familie hat immer versucht, die besten Lagen zu bekommen", erklärt Michael Herzog von Württemberg, der Jahrgang 1965 und seit 1997 sozusagen als Verwalter der Familie im Betrieb ist. Aber nicht durch Raubzüge, sondern stets durch Kauf oder Tausch sei die Rebfläche auf 40 Hektar gewachsen, betont er. Damit ist die Hofkammer das größte private Weingut Württembergs. Ihre Kellerei hatten die Herzöge bis 1810 nach Stuttgart-Untertürkheim ausgelagert und zogen dann mit den Fässern ins Alte Schloss in der Stuttgarter Innenstadt um. In Ludwigsburg hat die Hofkammer ihren Sitz erst seit 1981. Ein Neubau wurde für die Kelter in den Park von Schloss Monrepos gestellt, zentral gelegen zwischen den sieben Lagen des Hauses.

„Weinbau war für unsere Familie schon immer wichtig", sagt Michael Herzog von Württemberg. König Wilhelm I. gründete schließlich die Weinbauschule in Weinsberg. Zur aktuellen qualitativen Avantgarde zählen die Württemberger allerdings nicht. Das Weingut ist seit 1986 Mitglied im VDP wie fast alle Adelshäuser, deren vornehme Namen eben per se beeindruckend klingen, hat aber in den 1990er Jahren mit dem württembergischen Weinwunder nicht mithalten können. Doch spätestens seit 2008, als Christian Lintz Kellermeister und gleichzeitig kräftig in die Kellertechnik investiert wurde, holt die Hofkammer auf. Der Betriebsleiter aus Neuseeland wurde allerdings 2012 gekündigt, nachdem die Entwicklung zuletzt stagnierte. Der Herzog strebt wohl schneller nach oben.

Trotz der nunmehr internationalen Ausrichtung sollen natürlich Riesling sowie Trollinger, Lemberger und Spätburgunder nicht vernachlässigt werden. Allerdings haben die Herzöge längst auch moderne Rebsorten wie Merlot, Cabernet und Zweigelt sowie

Wein von Blaublütigen

Vorfahren, die auch Weingärtner waren, hat fast jeder württembergische Wengerter zu bieten. Aber Weingüter, die eine lange Tradition haben, gibt es nur sehr wenige, es sind ausschließlich die Burgen und Schlösser des Adels. Diese Familien hatten schon immer großen Grundbesitz und vererbten alles dem Erstgeborenen, statt wie das Volk Realteilung zu betreiben. Die Arbeit im Weinberg ließen die Adligen natürlich die Leibeigenen erledigen. In ihren Kellern achteten sie dann früher als alle anderen auf Qualität, schließlich haben sie ihre Tropfen selbst getrunken und damit auch Geld verdienen wollen. In der Moderne, also nach dem Zweiten Weltkrieg, waren es ebenfalls die Adligen, die die ersten trinkbaren Württemberger lieferten. Neben dem Herzog von Württemberg existieren noch vier weitere blaublütige Güter in der Region, allesamt nördlich von Stuttgart: Graf Neipperg (www.neipperg-weingut.de), Graf Adelmann (www.graf-adelmann.com), Fürst von Hohenlohe-Öhringen (www.verrenberg.de) und Graf von Bentzel-Sturmfeder (www.sturmfeder.de). Allesamt sind sie seit Langem Mitglieder im Verband Deutscher Prädikatsweingüter und in den Weinführern vertreten. Vom württembergischen Weinwunder sind die Adelshäuser allerdings Ende der 1980er Jahre abgehängt worden. An der Spitze stehen nun Bürgerliche. Die Weingüter Graf Neipperg und Graf Adelmann mischen jedoch oben mit. Die Blaublüter können sich auch eher einmal auf ihrem guten Namen ausruhen als gewöhnliche Wengerter. Von der Qualität her betrachtet, blieb zum Beispiel das Weingut Graf Bentzel-Sturmfeder anfangs dieses Jahrhunderts vermutlich nur seines Standes wegen im VDP. Mittlerweile weht eine frische Brise durch die alten Gemäuer. Graf Neipperg punktet mit seinen Lembergern Großes Gewächs, die zu den besten Württembergs zählen, und bei Graf Adelmann steht mit dem Junior Felix eine neue Generation in den Startlöchern. Bei Fürst zu Hohenlohe-Öhringen ist ein neuer Kellermeister am Start, der den Weinbau auf ökologisch umstellt. Und Graf Bentzel-Sturmfeder braucht inzwischen nicht mehr zu fürchten, von den VDP-Kollegen schräg angeschaut zu werden.

Sauvignon blanc in ihrem jahrhundertealten Besitz stehen. „Höchstes Niveau" strebt Michael Herzog von Württemberg an, denn er weiß und sagt bei jeder Gelegenheit selbstbewusst: „Wir stellen das Aushängeschild des Weines im Ländle dar." Mangelnden Einsatz kann man ihm jedenfalls nicht vorwerfen. Stundenlang stand er in der Alten Kelter, hat großteils unerkannt seinen Wein angeboten, etwas dazu zu erzählen gewusst und wirkte dabei wie jeder andere ambitionierte Wengerter bei der Veranstaltung, ziemlich sympathisch.

Weingut Herzog von Württemberg
Schloss Monrepos
71634 Ludwigsburg
Telefon 0 71 41 – 22 10 60
www.weingut-wuerttemberg.de

Quintessenz aus dem Unterland

MICHAEL SCHIEFER AUS LAUFFEN WILL MIT KOLLEGEN DEN WÜRTTEMBERGER ENTSTAUBEN

In Berlin bin ich das erste Mal auf Michael Schiefer gestoßen. Nicht persönlich allerdings, aber in Form seiner Flaschen. Die gab es in einer Weinhandlung, direkt neben unserer geschickt gelegenen Ferienwohnung am Prenzlauer Berg. Im Laden fand ich viele Tropfen aus Italien – und einen Wengerter aus Württemberg: Michael Schiefer. Klar, dass ich sofort zugreifen musste; ein Grauburgunder war es. Ich muss zugeben, mir war der Name damals nicht bekannt. Der Herr Schiefer aus Lauffen hat seinen ersten Jahrgang auch erst 2001 vorgestellt, und Lauffen ist eben doch ein Stück von Stuttgart entfernt. Ich fragte also den Weinhändler, um was für einen Weinmacher es sich denn handle. Der Mann hatte wenig Ahnung von Württemberg, aber eine gute Nase für gute Geschichten. Der Schiefer, erklärte mir der Berliner, sei

ein absoluter Quereinsteiger. Der habe in Berlin Mathematik studiert und erst später mit dem Weinbau begonnen. Dann stutzte er: Mathematik? Oder war's Philosophie? Egal, jedenfalls gehe der Typ irgendwie intellektuell ans Weinmachen.

Der Berliner Weinhändler versteht es, gute Verkaufsgespräche zu führen: Ich habe mir den Namen Schiefer gemerkt und bin nach Lauffen gefahren. Im Hof der Familie steht ein Walnussbaum, vor dem Haus eine Bank, die Scheune ist aus Fachwerk, und darin keltert der Sohn, Jahrgang 1968, die Trauben. Seine Eltern waren noch Landwirte, er machte eine Lehre bei Jürgen Ellwanger und studierte in Geisenheim Weinbau. Danach hat sich Michael Schiefer allerdings ein Weilchen gegen diesen vorgezeichneten Weg gesträubt. „Eine gewisse Unlust auf die kleine Ortschaft

Michael Schiefer: von Berlin zurück in die Provinz

Eine neue Winzergruppe

An Äckern vorbei, an Streuobstwiesen, einem Fischweiher, Wald und einem Weinberg: Drei Kilometer geht es über Feldwege, bis man am Steinbachhof landet. Idyllischer ist es nicht möglich, die Domäne liegt in einem sanft geschwungenen Tal, schmiegt sich an den Stromberg. Ulrich und Nanna Eißler haben dort im Jahr 2000 ihren ersten Wein vorgestellt, und sie feierten schnell Erfolge. Der Steinbachhof in Vaihingen-Gündelbach ist seit 1848 im Familiensitz, erst von der Hofkammer gepachtet, 1974 schließlich gekauft. Um das Gut mit zehn Gebäuden erhalten zu können, haben die Eißlers ihre Domäne als Veranstaltungsort für Feste, Hochzeiten und Konferenzen ausgebaut, inklusive Pension. www.weingut-steinbachhof.de

Idyllisch: der Steinbachhof

Christoph Ruck ist der Gruppe als Kellermeister vom Schloss Lehrensteinsfeld beigetreten, dort arbeitete er seit 2003. Inzwischen ist er beim Weingut seiner Frau eingestiegen und mischt mit diesem in der Quintessenz mit. www.ruxwein.de

Marcel Wiedemann ist 2007 in das elterliche Weingut Sankt Annagarten in Beilstein eingestiegen. Er hat unter anderem in Geisenheim und Südafrika gelernt, seine Linie Generation kommt gut an. www.sankt-annagarten.de

Alexander Heinrich war in Italien und Neuseeland, bevor er 2008 den Nebenerwerbsbetrieb seiner Eltern in Obersulm-Sülzbach übernahm. Himmelreich und Paradies sind die vielversprechenden Lagennamen. www.weingut-heinrich.com

---

und den Wein" plagte ihn, sagt er. Er zog lieber nach Berlin, schrieb sich für Philosophie und Musikwissenschaft ein. Auch wenn es ihm schwerfiel, weil er „doch zum Großstadtmenschen mutiert" war, kam der Lauffener zurück. Er trat aus der Genossenschaft aus und präsentierte 2001 seinen ersten Jahrgang. Der Weg, den Michael Schiefer gewählt hat, ist keineswegs leicht gewesen – ohne Kellerausstattung und Kundenstamm. In Lauffen ist die Genossenschaft fest verwurzelt und Schwarzriesling wird viel getrunken, halbtrocken. Als neuer Selbstvermarkter, der „trockene Weine, rot und weiß" schätzt, „bei denen man die Struktur schön erkennen kann", musste er sich eine Nische suchen. Und er musste neue Sorten jenseits von Schwarzriesling pflanzen. Auf 4,5 Hektar, ein Viertel davon in den Steillagen am Neckar, kultiviert Michael Schiefer weiße und rote Burgundersorten; Samtrot und Grauburgunder sind eine Spezialität von ihm sowie Trollinger, Lemberger, Kerner und Gewürztraminer. Für seine Herangehensweise hat er keine einstudierte Philosophie, sie hat sich ständig verändert – mit zunehmender Erfahrung, mit seinem Geschmack und je nachdem, was die Trauben und der Wein verlangen. Damit ist er nach Meinung des Magazins Feinschmecker unter die 900 besten deutschen Weingüter gekommen, er hat's in den Eichelmann geschafft und der Gault Millau hält ihn für empfehlenswert.

Von Lauffen aus ins Rampenlicht zu kommen, ist allerdings eine mühsame Angelegenheit. Michael Schiefer hat sich deshalb mit vier Kollegen zusammengetan, Quintessenz nennen sie sich. Der Name ist schön mehrdeutig: Sie sind fünf und sie sind die wesentlichen Weinmacher in ihrer Region, könnte man hineininterpretieren. Marcel Wiedemann vom Weingut Sankt Annagarten, Nanna und Ulrich Eißler vom Weingut Steinbachhof, Maximilian Dietzsch-Doertenbach vom Schloss Lehrensteinsfeld und Alexander Heinrich vom Weingut Heinrich gehören dazu. „Wir wollen erst mal den Stuttgartern zeigen, dass im Unterland guter Wein wächst", sagt Michael Schiefer, „und danach bundesweit bekannt werden". Seine Erfahrung ist, dass der Württemberger eben noch immer vielerorts als solide, aber behäbig gilt. „Mit anderen Weinanbaugebieten verknüpft man mehr Sex-Appeal", sagt er. „Wir entstauben das Image des Württemberger Weins", lautet folgerichtig die selbstbewusste Botschaft der Gruppe. Mit seinem Lebenslauf inklusive Berlin und Philosophie hat Michael Schiefer ja schon einen gewissen Teil dazu beigetragen.

Weingut Michael Schiefer
Südstraße 12
74348 Lauffen am Neckar
www.weingut-schiefer.de

Wo der Wein zur Staatsaffäre wird

DAS STAATSWEINGUT WEINSBERG SPIELT EINE DOPPELROLLE – ALS AUSBILDUNGSSTÄTTE UND MUSTERWEINGUT

Zu Weinsberg fällt mir immer sofort ein unvergessliches Abendessen ein, auch wenn es ein paar Jahre her ist. Serviert wurden Sängsun Zon und Dödzigogi Zim. Das ist Koreanisch und bedeutet gebratener Fisch und Schweinebauch. Zu dem Essen hatte Soon-Pil Kang eingeladen – und nicht nur mich, sondern 50 Fachleute. Der Südkoreaner studierte an der Fachhochschule Heilbronn Weinbetriebswirtschaftslehre und veranstaltete an der Weinsberger Lehr- und Versuchsanstalt seine Feldforschung: Welcher Württemberger Wein passt zu asiatischem Essen? „Schwierig, schwierig", befand der Winzer Rainer Wachtstetter, der schließlich Trollinger empfahl. „Da braucht man eine Kiste Bier dazu!", rief sein Strümpfelbacher Kollege Werner Kuhnle nach einem besonders scharfen Gang. Der Abend ist nicht nur deshalb so unvergesslich, weil er äußerst unterhaltsam war, sondern auch, weil alles drinsteckte, was die staatliche Einrichtung ausmacht. Weinsberg ist experimentierfreudig, lehrreich, international, verbindend und richtungsweisend.

Weinsberg ist eben ziemlich viel auf ein Mal. Hier befinden sich Theorie und Praxis an einem Ort: Ausbildung, Forschung, Produktion und Vermarktung. „Uns ist die Kombination ganz wichtig", sagt Günter Bäder, Jahrgang 1951 und Direktor des Ganzen. Königlich war die Weinbauschule zur Zeit ihrer Gründung 1868 noch, und die erste ihrer Art in Deutschland. Seit 1952 heißt sie etwas umständlich Staatliche Lehr- und Versuchsanstalt für Wein- und Obstbau Weinsberg. Die meisten Leute aus der Branche verzichten einfach auf den vorderen Teil und sagen nur „Weinsberg", das versteht jeder. 150 Schüler werden dort jährlich zum Techniker für Weinbau und Önologie, zum Wirtschafter für Wein oder Obst, zur Fachkraft für Brennereiwesen und zum Weinerlebnisführer ausgebildet. Da kommt viel zusammen, wer von den Württemberger Wengertern nicht in Geisenheim war, war in Weinsberg. Gert Aldinger, um ein prominentes Beispiel zu nennen, und Mitglieder der Winzergruppe Junges Schwaben saßen in der gleichen Abschlussklasse. „Wir fördern, dass die Absolventen zusammenarbeiten und den Kontakt zur Ausbildungsstätte halten", sagt Günter Bäder.

An zweiter Stelle steht die Forschung. 1929 haben die Weinsberger die Rebsorte Kerner kreiert, 1955 den nach dem Schulinitiator benannten Dornfelder und in den 1970er Jahren die neuen Cabernet-Sorten Dorio und Dorsa sowie Acolon. Aktuell stehen pilzresistente Sorten wie Regent im Fokus, die den ökologischen Weinbau erleichtern. „Da sind ein paar aussichtsreiche Dinge dabei", sagt der Önologe Dieter Blankenhorn, Jahrgang 1966. Außerdem testet er neue Verfahren in der Weinbereitung, etwa den Einsatz von Holzchips, die Alkoholreduktion, die im Jahrgang 2003 plötzlich interessant wurde, den Wasserentzug oder die Maischevergärung mit Kohlensäure. So wichtig wie das Labor ist den Weinsbergern aber zudem die Projektarbeit. Der Justinus K. ist zum Beispiel in der Lehr- und Versuchsanstalt entstanden – eine edlere Version des durch Massenproduktion in Verruf geratenen Kerners, der von einem Dutzend Betrieben mit Erfolg gemacht wird, darunter die Cannstatter Weingärtner Hans Haidle und der Fürst zu Hohenlohe. Günter Bäder betont allerdings – und klingt damit wie fast jeder Wengerter Württembergs: „Kreativität und Innovation sind uns wichtig, aber wir wollen die Tradition nicht aus den Augen verlieren."

Zu sagen, das Weingut stehe in Weinsberg an dritter Stelle, wäre nicht korrekt. „Als Staatsweingut sind wir gefordert, vorne dran zu sein", sagt Günter Bäder, „wenn wir liederlichen Wein herstellen würden, würde keiner herkommen, um hier zu lernen." Seit 1995 firmiert der Betrieb unter dem Namen Staatsweingut Weinsberg. 40 Hektar werden bewirtschaftet, sie sind mit Riesling, Lemberger, Burgunder und Trollinger bestockt, sowie zu 43 Prozent mit anderen Sorten. Dass neue Züchtungen etwas taugen, stellt Dieter Blankenhorn im hauseigenen Weingut dann etwa mit den Cuvées Traum und Traumzeit unter Beweis. Beim Deutschen Rotweinpreis mischt er regelmäßig mit, zuletzt mit einem Lemberger HADES 2009, der 2011 auf den ersten Platz in seiner Kategorie kam. Das Staatsweingut hat dem Württemberger einen guten Ruf zu verschaffen. „Wir sind viel international unterwegs und erschließen mit unserer Kraft neue Märkte für Württemberg", erklärt der Marketing-Leiter Martin Schwegler, Jahrgang 1962.

Weinsberg exportiert Württemberg – und importiert die Welt. Die Schüler stammen aus allen Himmelsrichtungen, aus Europa, Japan, Kanada, und die Absolventen zieht es in alle Himmelsrichtungen. Allein 20 arbeiten in Südafrika. Jenseits von Württemberg hat die Lehr- und Versuchsanstalt wohl keine andere Weinbauregion so beeinflusst wie diejenige rund ums Kap der Guten Hoffnung. In den 1950er Jahren setzten die Weinsberg-Schüler Willi Hacker und Günter Brözel dort Maßstäbe: Der eine war mehr als 35 Jahre lang Kellermeister bei der Genossenschaft KWV, der andere baute das Weingut Nederburg mit auf. Heute holt sich der Wengerter-Nachwuchs sein Know-how in Afrika, etwa für den Sauvignon blanc. In Südkorea hat der Württemberger ebenfalls einen Botschafter: Soon-Pil Kang besitzt mittlerweile in Seoul die Weinhandlung Gallery The Wine. Seinen Kunden empfiehlt er oft deutschen Riesling. Der passt zur Küche seiner Heimat, das hatte das Testessen in Weinsberg ergeben.

Staatsweingut Weinsberg
Traubenplatz 5
74189 Weinsberg
Telefon 0 71 34 – 50 41 67
www.sw-weinsberg.de

Martin Schwegler (von links), Günter Bäder und Dieter Blankenhorn: ein neues Sensoriklabor für neue Genusserlebnisse

Projekt Optimierung

DIE GENOSSENSCHAFT CLEEBRONN-GÜGLINGEN AUF DEM VORMARSCH

Wachse oder weiche – dieser Spruch gilt seit Jahren in der Landwirtschaft und mittlerweile auch unter den Genossen. Im Jahr 2010 erklärte Hermann Hohl, der Präsident des Weinbauverbands Württemberg, dass es unter 400 Hektar kein auskömmliches Geschäftsmodell für Kooperativen gäbe. Recht gaben ihm einige Fusionen im Unterland. Dabei kann sich das Wachstumsgebot nicht nur auf die Größe, sondern auch auf die Qualität beziehen. Die Genossen von Cleebronn-Güglingen versuchen, sich qualitativ hervorzuheben. Im Gault Millau wurden sie dafür üppig belohnt: In der Ausgabe 2012 sind sie „die Entdeckung des Jahres" und damit die erste Kooperative, die diesen Titel verliehen bekam. Im Jahr zuvor waren sie mit einer Traube in das Buch aufgenommen worden, nun sind es bereits zwei. Bessere Genossen gibt es nach Ansicht der Wein-Tester nur noch in Untertürkheim.

„Wir haben uns innerhalb von zwei Jahren komplett umgekrempelt", erklärt Axel Gerst, Jahrgang 1969 und Geschäftsführer der Weingärtner, den schnellen Wandel. Für das Projekt Optimierung holten sich die Genossen Hilfe: Ihr Kellermeister Andreas Reichert (1978 geboren) war in Weinsberg Projektingenieur bei Dieter Blankenhorn gewesen, diese Beziehung zu dem Önologen der Lehr- und Versuchsanstalt nutzten die Cleebronner nun aus. Sie probierten mit ihm das Sortiment durch und dabei kam heraus, dass viele Weine kein Profil hatten. „Uns sind die Augen aufgegangen, als wir ein Alleinstellungsmerkmal definieren wollten", erzählt Thomas Beyl, Jahrgang 1975 und Vorstandsvorsitzender der Weingärtnergenossenschaft. Ihr Erfolgsmodell lautet jetzt, ein hervorragendes Preis-Genuss-Verhältnis zu bieten. In der Genossenschaft sollen zum Beispiel Weine für fünf Euro verkauft werden, die von der Qualität her auch sieben oder acht Euro kosten könnten.

Prompt wurde die 1951 gegründete WG nach dem Ende des Prozesses im Juli 2010 in der Fachzeitschrift Weinwirtschaft zur besten Genossenschaft Württembergs gewählt und kam deutschlandweit auf Platz vier. Davor war sie noch nie unter den Top Ten. Ihre 580 Mitglieder bewirtschaften 280 Hektar, fast alle im Nebenerwerb oder in Kombination mit Landwirtschaft. Sie für den Umschwung zu motivieren, war angesichts des rückläufigen Traubengelds keine leichte Aufgabe. „Warum kommt der neue Ruhm nicht im Geldbeutel an?", fragte sich so mancher. Die große Mehrheit steht allerdings hinter dem Kurs der jungen Führungsmannschaft, was auch daran ersichtlich ist, dass die ehrenamtlich geführte Genossenschaft Oberes Zabergäu im Januar 2011 mit mehr als 90 Prozent Zustimmung die Fusion mit Cleebronn-Güglingen beschloss. Thomas Beyl verhehlte bei der Sitzung nicht, dass der Umstellungsprozess lange dauere und mühsam sei.

Das optimierte Sortiment besteht aus drei Linien; St. Michael, benannt nach dem herausragenden Weinberg der Region, ist gut und günstig, Herzog Christoph repräsentiert die obere Mittelklasse und Emotion CG das Premium-Segment. Neu für die Weingärtner war, dass ihre Weinberge frühzeitig danach eingestuft werden, ob sie Liter- oder Spitzenweine ergeben sollen. Was früher unter den Genossen undenkbar war, wird jetzt gemacht: Ertragsreduzierung mit Traubenhalbierung. „Unsere Mitglieder rollen manchmal mit den Augen, was wir alles verlangen", erzählt Thomas Beyl und lacht, „aber man kann es schmecken." Und die ganzen Auszeichnungen und Preise würden sie wiederum stolz machen. Darüber hinaus untermauern erste Zahlen das Konzept: Aus der St.-Michael-Serie wurden 2010 mehr als 185 000 Flaschen verkauft – 50 000 mehr als im Vorjahr.

In Cleebronn-Güglingen sind offensichtlich die richtigen Leute zusammengekommen. Thomas Beyl, der seit 2006 bei den Genossen im Vorstand sitzt, ist Weinsberger Weinbautechniker. Sechs Monate seiner Ausbildung verbrachte er in den USA. Was ihn am meisten geprägt hat, ist wohl seine jahrelange Teilzeittätigkeit bei Gert Aldinger: „Da wird man entsprechend geimpft und vom Qualitätsvirus infiziert", sagt er. Ein glücklicher Umstand sei es dann gewesen, dass sich Andreas Reichert auf den Kellermeisterposten beworben habe. „Der Mann hat Ahnung", dachte der Vorstandsvorsitzende beim Bewerbungsgespräch. Der Geisenheimer Önologe war zuvor zwei Jahre lang bei der Felsengartenkellerei angestellt gewesen. Im Vergleich mit den beiden anderen ist Geschäftsführer Axel Gerst ein alter Hase, der Weinbetriebswirt kam 1997 von der Hofkammer nach Cleebronn-Güglingen. „Damals waren es noch goldene Zeiten", erzählt er, „in Württemberg herrschte Rotweinknappheit, wir verkauften das Doppelte mit weniger Aufwand." Seit 2000 gehe es jedoch kontinuierlich abwärts. Die Kundschaft hat sich gewandelt, vom Viertelesschlotzer zum Motto „Drink less, but better".

Mit ihrem neuen Image, richtig viel Wein fürs Geld zu bieten, scheinen die Weingärtner von Cleebronn-Güglingen den Trend getroffen zu haben. Und wenn sich die richtigen Leute mit den richtigen Verbindungen treffen, dann sind die Chancen sehr gut, dass das Projekt Optimierung ein Erfolg wird.

Weingärtner Cleebronn Güglingen
Ranspacher Straße 1
74389 Cleebronn
Telefon 0 71 35 – 9 80 30
www.cleebronner-winzer.de

Axel Gerst (links),
Andreas Reichert (unten),
Thomas Beyl (oben):
innovative Genossen

Autodidakt im Rübenkeller

FRITZ FUNK MACHT IN LÖCHGAU WEINE NACH EINEM EINFACHEN REZEPT

Wenn Fritz Funk übers Weinmachen spricht, klingt alles ganz einfach. „Man muss mit dem Wein umgehen wie mit einem Lebewesen", sagt er, „man muss ihn schonen, darf ihn nicht plagen." Die Konstruktion „man muss" benutzt der Wengerter aus Löchgau dabei ziemlich oft. Für ihn gibt es ein paar Grundregeln, und wenn man sich daran hält, klappt es mit dem Weinmachen. Im Weinberg fängt es an: Überzählige Triebe ausbrechen, entblättern rund um die Traube, Traube ausdünnen, so spät wie möglich und

nur gesunde Trauben lesen. „Weniger Ertrag, das ist es einfach, dann hat man den doppelten Geschmack", findet er. Im Keller geht es so weiter: Die Roten kommen in die Maischegärung so lange wie möglich, die Weißen vergären langsamer und gekühlt im Fass oder im Tank und der Wein wird so wenig wie möglich gepumpt und fast nie filtriert. „Wein ist für mich ein Vergärungsprodukt", lautet seine Philosophie, „dann ist er trocken und man muss ihn trinken können." Das war's schon.

Fritz Funk: Im Rübenkeller reifen unverwechselbare Weine

Fritz Funk, Jahrgang 1952, hat eine Lehre in der Landwirtschaft gemacht. Als Wengerter ist er Autodidakt, er hat sich alles selbst beigebracht. Früher war er Bauer, hatte Schweine, Kühe, eine Bullenmast und lieferte seine Trauben in der Genossenschaft ab. Aber 1984 verletzte er sich bei der Arbeit schwer und musste die Tiere aufgeben. „Ich mache einen Besen", dachte er sich, „wenn man sich anstrengt, läuft das auch." Drei Jahre später war es so weit. Im Stall sitzen nun die Gäste, und seine Frau, die normalerweise in einer Apotheke arbeitet, kocht. Siedfleisch mit Sauerkraut steht auf ihrer Karte, Schäufele oder Röhrleskuchen. Im ehemaligen Rübenkeller keltert ihr Mann seine Weine, dort stehen auch die Barriques, die er sich aus Neugierde und Schaffensdrang zugelegt hat. „Du musst bestimmt gleich wieder zumachen", waren die Löchgauer allerdings am Anfang überzeugt, weil der Funk nur trockene Weine im Ausschank hatte und damit gar nicht den gewöhnlichen Erwartungen entspricht. 2012 feiert die Besenwirtschaft Zum Fritz ihr 25-Jahr-Jubiläum.

„Sogenannte Fachleute verzählet immer so Zeugs", schimpft Fritz Funk. Seine Tropfen sind schon durch die Qualitätsweinprüfung gefallen, weil er einiges anders macht oder – besser gesagt – einiges nicht macht. Er benutzt keine Zusatzstoffe, etwa Süßreserve, also unvergorenen Traubensaft, und kaum Technik. Zum Kühlen stellt er seine Tanks eben nachts auf den Hof raus. Auf 2,2 Hektar hat Fritz Funk seine Reben stehen, mehr rot als weiß und vor allem Klassiker wie Riesling, Lemberger, Spätburgunder, Trollinger und den im nördlich von Stuttgart gelegenen Teil des Weinanbaugebiets so beliebten Schwarzriesling. Er schafft alles alleine, nur bei der Lese helfen Freunde. 2007 rodete er in seiner Toplage den Trollinger und pflanzte Syrah, der zwei Jahre später genug Ertrag für ein Barrique brachte, also 225 Liter. An dieser französischen Rebsorte macht er nun seinen Top-Wein und mit 22 Euro pro Flasche ist dieser auch der mit Abstand teuerste. Seinen Ehrgeiz als Landwirt und Besenwirt erklärt er wieder eingängig: „Man kann viel trinken, wenn man keinen Geschmack hat", sagt Fritz Funk, „wenn man aber Geschmack hat, muss man besser sein".

Weinbau Fritz Funk
Friedhofstraße 25
74369 Löchgau
Telefon 0 71 43 – 76 66
www.weinbau-fritz-funk.de

Kein Kopfweh für die Prominenz

DER FLEINER ROBERT BAUER HAT IN MARTIN ALBRECHT DEN PERFEKTEN NACHFOLGER GEFUNDEN

Das ist sein Markenzeichen: RZ<1 g/L. Dahinter steckt alles andere als Chemie, sondern reiner Wein – mit weniger als einem Gramm Restzucker pro Liter. So ein Verhältnis erreicht man nur, wenn der Traubensaft tatsächlich sich selbst überlassen wird. „Viele Winzer verfechten das traditionelle Weinmachen, ziehen es aber nicht durch", sagt Martin Albrecht. In seinem Fleiner Weingut laufe dagegen alles wie früher: Die Weine gären so lange durch, bis sie damit fertig sind. Es wird kein Zucker zugegeben und keine Aromahefe. Das Ergebnis nennt er „Wein pur, Wein in seiner reinsten und seiner ehrlichsten Form".

Mit seiner Anspruchshaltung geht Martin Albrecht so manchem Kollegen natürlich gehörig auf die Nerven. „Es ist schade, dass ich mit dieser Einstellung so allein bin", sagt er zum Beispiel, „und dass die anderen sich zu sehr vom Kommerz leiten lassen." Der Wengerter, Jahrgang 1976, hat nicht nur das Weingut, sondern auch noch die provozierenden Sprüche von seinem Vorgänger übernommen: Er führt das Werk von Robert Bauer weiter – und zwar zu 100 Prozent. Meistens will die nächste Generation ihren eigenen Weg finden, für Martin Albrecht „war die Faszination, eben nichts zu verändern".

Robert Bauer hat schließlich für genug Furore gesorgt. Eigenwillig wird er genannt, ein Rebell, ein Querkopf, ein Pionier. Bereits im Alter von 19 Jahren verkrachte er sich mit den Lehrern der Weinsberger Weinbauschule. Die lehrten in den 1960er Jahren noch Massenproduktion und den Anbau von ertragreichen Neuzüchtungen, doch der junge Mann forderte Tradition statt Technik. Er blieb nur kurz, fand stattdessen im Burgund einen Lehrherren nach seinem Geschmack. Der setzte auf alte Reben und niedrige Erträge, verzichtete auf Zuckern und Nachbessern im Keller. Anfang der 1970er Jahre übernahm Robert Bauer den Betrieb der Eltern, Weinberge und eine Besenwirtschaft.

Seither werden in Flein auf zehn Hektar Weine nach „internationalem önologischem Standard" produziert, und nicht nach den „Ausnahmeregeln des deutschen Weingesetzes", betonte Robert Bauer. Schnell geriet er mit den staatlichen Weinprüfern aneinander, die genau hinschauten, was der Jungwinzer so produzierte. Er entledigte sich des Problems, indem er einfach auf die Prädikatsangaben Kabinett, Spätlese und Auslese verzichtete und seine Flaschen als Tafelwein vermarktete, der keine Prüfnummer braucht. Auch über Traubensorten stritt er mit den Behörden: Als erster Wengerter erkämpfte sich Robert Bauer 1985 die Genehmigung, Sauvignon blanc in Württemberg anbauen zu dürfen, der einst als Muskat-Silvaner in der Gegend heimisch war. Der Mann machte von Anfang an sein eigenes Ding und bei keinem Wettbewerb mit. Was andere zu seinen Weinen zu sagen hatten, interessierte ihn nicht.

Seine Unabhängigkeit hat Robert Bauer mitunter sicherlich Herbert Seckler zu verdanken. Der Koch aus Wasseralfingen machte eine Würstchenbude auf Sylt gesellschaftsfähig: 1983 wurde die Sansibar von dem Millionenerben Gunther Sachs entdeckt, seither schlemmen Prominente wie Günther Netzer, Johannes B. Kerner oder der Versandhändler Michael Otto dort am Rantumer Strand Hummer und Currywurst – und trinken dazu Weine von Robert Bauer. Vielleicht kommen sie bei der Prominenz deshalb so gut an, weil er verspricht, dass die Gewächse weder Kopfweh noch Sodbrennen verursachen.

Für Robert Bauer ist die Arbeit in Flein offenbar getan. Er konzentriert sich heute auf sein anderes Weingut, die Domaine Tinailler im Burgund und auf die Kreation seiner hochwertigen Balsamessige. Als er im Jahr 2002 seinen Württemberger Betrieb verkaufte, war er 53 Jahre alt und hatte schon länger nach einem geeigneten Nachfolger gesucht. Sein Sohn Oliver Bauer ist zwar auch Kellermeister, doch den hat es in die Ferne verschlagen: Oliver Bauer arbeitet für die Baronin Ileana Kripp-Costinescu, der das Weingut Prinz Stirbey in Rumänien gehört. 2003 vinifizierte er den ersten Jahrgang. Sein oberstes Gebot ist übrigens „die strenge Selektion der Trauben im Weinberg, und deren schonende und saubere Verarbeitung im Keller, um die Weine möglichst naturnah, ohne zu viel technische Eingriffe, ausbauen zu können".

Martin Albrecht stammt ebenfalls aus Flein, aus einer Wengerter-Familie, die in der Genossenschaft ist, und hat im Gegensatz zu Robert Bauer die Weinsberger Weinbauschule bis zum Abschluss besucht. Nach einem Wochenende in Frankreich und einer Burgunderprobe stand fest, dass er der Nachfolger werden sollte. Robert Bauer wohnt noch in dem Anwesen in Flein, und Martin Albrecht sagt Chef zu ihm. „Es ist nicht einfach, mit einer starken Persönlichkeit zusammenzuarbeiten", räumt der junge Wengerter ein. Aber er hat großen Respekt vor dessen Leistungen und steht voll und ganz hinter seinem Produkt. Im Vordergrund soll sowieso nur der reine Wein und das Markenzeichen RZ<1 g/L stehen.

Weingut Robert Bauer
Heilbronner Straße 56
74223 Flein
Telefon 0 71 31 – 25 16 62
www.robertbauerflein.de

Martin Albrecht: der perfekte Nachfolger für ein renommiertes Weingut

SONDERKULTUREN

Auch der Weinbau hat seine Superlativen zu bieten: etwa den höchsten Weinberg, den exklusivsten Wein, das glamouröseste Getränk oder den innovativsten Weinmacher. Außerdem befinden sich in Württemberg ein paar ganz schön abseitige Anbaugebiete.

Wengerter im Höhenrausch: ein Lehrer als Weinmacher

HELMUT DOLDE STELLT IN FRICKENHAUSEN-LINSENHOFEN DEN GUTEN RUF DES TÄLESWEIN WIEDER HER

Im Weinberg weht ein scharfer Wind. Helmut Dolde trägt eine Wintersportjacke und einen Hut mit breiter Krempe. Über den Baumwipfeln thront der Hohenneuffen, vom Hang aus reicht der Blick bis zum 30 Kilometer entfernten Fernsehturm in Degerloch. Direkt unterhalb des Weinbergs schmiegt sich der Ort Beuren ins Tal. „Diese Ruhe ist sagenhaft", sagt Helmut Dolde. Dann marschiert er den Hügel hinauf, fast bis zum Wald. Dort steht ein Schild, darauf steht: „Höchster Weinberg Württembergs, 530 ü. NN". „Wir haben großzügig aufgerundet", erklärt er vergnügt. Mit wir meint Helmut Dolde sich und seinen Freund, den Vermessungsingenieur. Genau genommen liegt der Weinberg 526 Meter über Normalnull, gemessen am Pegel im Amsterdamer Hafen.

Helmut Dolde, Jahrgang 1952, ist von Haus aus ein ganz exakter Mensch. Er unterrichtet Chemie und Biologie am Gymnasium. Nebenher leitet er eine Erfinder-AG. Mit den Schülern hat er schon eine Maschine ausgetüftelt, die beim Verkorken von Weinflaschen einen Handgriff einspart. Seine Freizeit verbringt er als Wengerter, und diesen Nebenerwerb geht er entsprechend wissenschaftlich an. Dazu gehört, dass er mit seinem Freund Weinberge vermaßt. Eigentlich könnte das Schild ein Stückchen höher stehen – wären die Reben 1970 nicht gerodet worden, sagt er. Dafür ist die frei gewordene Fläche nun ein Naturschutzgebiet. Die Bocks-Riemenzunge wächst dort neben wilden Traubenhyazinthen, und Helmut Dolde macht den Eindruck, als würden ihn die seltenen Pflanzen für den Verlust an Höhenmetern entschädigen. „Kruk, kruk", gurrt er plötzlich wie der Vogel, der gerade im Wald getönt hatte. „Das ist ein Kolkrabe, auch etwas Seltenes."

Besonderheiten sind auf dem Markt gefragt. Der Bergwein vom Hohenneuffen ist eine solche. Spätestens seit dem Mittelalter wachsen an den Hängen vor dem Albtrauf Reben. Damals war die klimatische Phase günstiger, erklärt Helmut Dolde. Aber dann wurde es zugiger in der Höhe. Noch vor vier Jahrzehnten kamen die Trauben bei der Ernte kaum auf 50 bis 60 Grad Öchsle. Damit würden sie heute unter die Qualitätsweingrenze fallen. Der Wein musste deshalb viel Spott ertragen, „Rachaputzer" und „Semsakrebsler" schimpften die Leute den Neuffener Täleswein, weil er so sauer schmeckte. „Hier war immer Kampfzone", fasst Helmut Dolde die Lage der Weinbauern zusammen. Für diese Höhe hätten sie sich früher entschuldigt.

Seit 15 Jahren wandelt sich allerdings die Einstellung zu den Neuffener Tropfen. In der Kombination von Ertragsreduzierung und besserer Technik im Keller haben sie heute einen anderen Geschmack. „Bergwein ist einfach filigran und frisch", schwärmt Helmut Dolde. Eleganz und Raffinesse attestiert er seinem Silvaner und seinem Riesling. Die Weißweine sind im Frühsommer meist ausverkauft. Als guten Ersatz kann er einen beachtlichen Spätburgunder bieten, mit feinem Schmelz und Kirscharomen, aber auch mit einer kräftigen Säure und herben Mineralik. „Roter Jura" heißt seine neueste Kreation, eine Cuvée. Denn nicht nur durch niedrigere Temperaturen, sondern auch einen besonderen Boden zeichnet sich die Gegend aus: Weißes Kalkgestein bestimmt das Terroir – wie in Burgund.

Helmut Dolde ist ein ehrgeiziger Autodidakt. 1982 übernahmen er und seine Frau Hedwig von den Eltern einen Weinberg. Seither baute er das Hobby aus,

1,5 Hektar bewirtschaftet er mittlerweile. „Wein aus hohen Lagen mit Bodenhaftung" lautet das Motto. Der Nebenerwerbswengerter wollte von Anfang an hoch hinaus. Deshalb hat er seinen Freund, den Vermessungsingenieur, engagiert und ist mit ihm nach Baden gefahren, zum Hohentwiel. Denn das Staatsweingut Meersburg, das dort einen Weinberg bewirtschaftet, hat es mit den Höhenangaben nicht so genau genommen. „Die Reben am Hohentwiel gedeihen auf Vulkanverwitterungsgestein am höchsten Weinberg Deutschlands", behauptete der Betrieb zwar – aber mit einer Höhenangabe von 520 Metern.

Das Vermessungsteam vom Albtrauf hat für klare Verhältnisse gesorgt. Der Titel „höchster Weinberg Deutschlands" muss leider in Baden bleiben. Mit 562 Metern ist der Elisabethenberg am Hohentwiel in der Tat der höchste Punkt, an dem in Deutschland Trauben geerntet werden. „Normalerweise ist die Höhenlage nichts, womit man sich brüsten muss", meint Jürgen Dietrich, der Leiter des Staatsweinguts, zwar.

Werbung macht das Staatsweingut trotzdem damit. Beim Wein sei es wie beim Kaffee aus dem Hochland: Als feingliedrig, filigran, finessenreich und sehr elegant beschreibt auch er die Tropfen. „Superlative sind immer ein Thema", weiß der Önologe, und die Württemberger tröstet er damit, dass der Hohentwiel erst 1810 badisch wurde.

Mit den Meersburgern haben die Schwaben auf das Ergebnis angestoßen, erzählt Helmut Dolde und lacht wieder vergnügt. Auf ihre Expedition hatten sie zu diesem Zweck extra einen Fahrer mitgenommen, denn für Helmut Dolde war diese Erkenntnis schließlich nicht ernüchternd. Sein württembergischer Bergwein bleibt indessen so oder so spitze.

Helmut Dolde
Beurener Straße 16
72636 Frickenhausen-Linsenhofen
Telefon 0 70 25 – 49 82
www.doldewein.de

Helmut Dolde: Der Lehrer kennt sich bei Flora und Fauna rund um den Hohenneuffen perfekt aus

Weltweiter Wettstreit um Höhenmeter

Der Titel „höchster Weinberg" ist hart umkämpft. In Europa beanspruchen ihn mehrere Regionen. „Schweiß und Kurzatmigkeit gehören zwangsläufig dazu, wenn man den höchsten Weinberg Europas hinaufkraxelt", brüstet sich zum Beispiel die „Heida-Zunft" im schweizerischen Wallis. Auf 1150 Metern kultiviert der Zusammenschluss von großzügigen Geldgebern die weißen Heida-Trauben. 1999 wurde die Zunft gegründet, um den Weinbau in der Höhe zu retten. Im französischen Ort Cerdagne sind die Einwohner stolz auf ihren Pyrenäen-Wein Clos Cal Mateu: Auf 1300 Meter Höhe wachsen 450 Rebstöcke, die jedes Jahr etwas mehr als 300 Flaschen Muscat, Riesling und Chasselas ergeben. Sie sind stets in kürzester Zeit ausverkauft.

Der Gletscherwein aus dem Aostatal verliert nur um wenige Meter: In der Nähe des Montblanc wird in dem Ort Morgex ein Weinberg auf bis zu 1225 Meter ü. NN gepflegt. Noch höher hinaus geht der Weinanbau in Europa auf Sizilien und Zypern – und zwar auf 1500 Meter.
Den Berner Unternehmer Donald Hess dürften solche Zahlen jedoch nur langweilen. Im Nordwesten Argentiniens besitzt der Schweizer ein Weingut, in dem auf 3015 Metern Höhe sogar Rotweinsorten wie Cabernet Sauvignon, Malbec und Pinot noir gedeihen. Wenn die Wetterstation bei Frost Alarm schlägt, werden die Trauben automatisch mit Wasser besprüht, um sie durch eine Eisschicht zu schützen.

Weltweit geht der Weinanbau höher hinauf als in Württemberg

Die Edelsteine unter den Württembergern: eine Flasche für 100 Euro

Bei der Arbeit trägt Albrecht Schwegler Anzug und Krawatte. Schließlich ist er Geschäftsführer der Lineartechnik Korb GmbH in Waiblingen mit einem Jahresumsatz von mehreren Millionen Euro, 40 Mitarbeitern, einer Niederlassung in Österreich und einem Vertreter in China. Als solcher muss er, wenn er erfolgreich sein will, Ideen haben und rechnen können. „Jedes Produkt braucht eine Kalkulation", sagt er. Eine Investition über sieben Jahre hat deshalb ihren Preis. Der liegt im Jahr 2011 bei 100 Euro für eine Flasche Solitär – den teuersten trockenen Rotwein der Region Stuttgart. Die Gleichung ist einfach. Wer einen Spitzenwein produzieren will, muss die Erträge im Weinberg drastisch senken. Danach bleibt der Wein jahrelang im Barrique-Fass liegen. Wer also viel Qualität und Zeit in sein Produkt steckt, der muss eben mehr Geld dafür verlangen.

„Mich hat es geärgert, dass wir in einer Region leben, wo Hightechprodukte für den Weltmarkt hergestellt werden, aber bei Geschäftsessen Franzosen oder Italiener auf den Tisch kommen", sagt der Manager. Einen Rotwein, der es mit dem Rest der Welt aufnehmen kann und der mit dem Alter stetig besser wird, wollten er und seine Frau Andrea kreieren. 1985 schickten sie seinen Vater in die Reben, um den Trollinger herauszuhacken. Damals tuschelten die Leute noch: „Der spinnt doch!" Dabei wusste Albrecht Schwegler genau, was er tat. Anzug und Krawatte waren ursprünglich nicht seine Arbeitskleidung. Eigentlich hat er Weinbautechnik gelernt und bei der Remstalkellerei gearbeitet, bevor er sich mit den Stückle seines Vaters selbstständig machen und ein Weingut aufbauen wollte.

Eine Wirtschaftskrise kam dazwischen: 1993 entschied die FAG-Kugelfischer KG, ihre Abteilung für Lineartechnik in Korb aufzulösen. Albrecht Schwegler arbeitete dort drei Tage in der Woche als Lagerist: Außerdem hatte seine Familie für das Unternehmen eine neue Lagerhalle gebaut. Kurz entschlossen übernahm er mit einem Partner die Firma, und aus dem Wengerter wurde ein Geschäftsführer, aus dem Weingut ein Nebenerwerb mit eineinhalb Hektar Rebfläche. „Wie es so ist im Leben: Manchmal kommt eben etwas dazwischen", sagt er. Seine Vision vom perfekten Württemberger hat er dann halt nebenbei verwirklicht, im Keller seines Wohnhauses in Korb.

Einzigartig: Der Solitär ist Württembergs teuerster Wein

Albrecht Schwegler: der
Unternehmer, der Rotweine
der Extraklasse macht

Nach der Rodung lagen die Weinberge ein Jahr brach, dann pflanzten die Schweglers österreichischen Zweigelt und französischen Merlot, Syrah und Cabernet Franc. Vier Jahre später füllten sie die erste Cuvée ins Eichenfass, wo sie 36 Monate lang nicht gestört wurde. 1993 kam der Wein namens Granat auf den Markt. „Es hat gleich hingehauen", erzählt er: „Der 90er war ein Top-Wein und ist es noch." Wenn es das Jahr nicht hergibt, müssen sich die Kunden mit seinen kleinen Brüdern Saphir und Beryll trösten. 1999 legten die Schweglers den ersten Solitär ins

Holz. Aus lauter Edelsteinen besteht die Kollektion des Weinguts. „Man muss eine Linie fahren", sagt Albrecht Schwegler über sein Konzept und klappt die Preisliste auf. Nur vier Rotweine sind darin aufgelistet, eine Seltenheit in Deutschland. So arbeiten sonst Weingüter in Frankreich und Italien.

Im Ausland kam der Schwabe, Jahrgang 1958, auf den richtigen Geschmack. Sein erstes Aha-Erlebnis habe er in Südafrika gehabt, erzählt er, 1982 in einer Kellerei am Kap. Trollinger hatte er dabei, die Kollegen lachten: „Das ist ja kein Rotwein, der schmeckt wie

In der Werkhalle der Lineartechnik GmbH sprühen die Funken. Dort werden Stahlrohre zurechtgeschnitten und Maschinenteile auf Bestellung für mittelständische Firmen gefertigt. Einen Stock höher liegen rund 10 000 Kugellager in langen Regalen, um schnell an die Kunden geliefert werden zu können. „Qualität und Sauberkeit schaffen Sicherheit zu jeder Zeit", steht auf einem Schild, das in dem Lager hängt. Der Spruch beschreibt eigentlich auch, wie Albrecht Schwegler schafft: fleißig, gründlich, mit bestem Material. Typisch schwäbisch könnte man sagen, zumal der Firmenchef genau so wirkt, weil er trotz seines Erfolgs in völlig verschiedenen Welten, nicht überheblich geworden ist. Albrecht Schwegler übt gerne zwei Berufe gleichzeitig aus: „Beides ist sehr schön und interessant", sagt er, „das eine kann man genießen, beim anderen ist viel los am Markt und man hat mehr mit Menschen zu tun."

Das Weingeschäft wird nun ausgebaut. In Zukunft soll es nämlich der Sohn Aaron, Jahrgang 1988, richten. Er hat ebenfalls eine Winzerlehre abgeschlossen und in Weinsberg weitergelernt. Für ihn zog Albrecht Schwegler bis vors Bundesverwaltungsgericht: Unter den Weinbergen an der Winnender Straße in Korb will er im Außenbereich ein neues, ordentliches Weingut bauen. Alle Ämter stimmten zu, nur die Gemeinde nicht. Über fünf Jahre und drei Instanzen zog sich der Streit, und die Schweglers bekamen stets recht. Auf 2,1 Hektar Rebfläche haben sie bereits aufgestockt; mehr Weißwein soll dazukommen. Aaron Schwegler hat schon eine Art Gesellenstück abgeliefert, „First Step" nennt er seinen Wein, einen Rock 'n' Roll-Riesling. Wie es in dieser Familie so üblich ist, hat er ihn im Barrique reifen lassen. „Platz nach oben gibt es immer", sagt Albrecht Schwegler über die Zukunft seines Edelsteinweinguts.

Weingut Albrecht Schwegler
Steinstraße 35
71404 Korb
Telefon 0 71 51 – 3 48 95
www.albrecht-schwegler.de

gekocht!" Seine eigenen Württemberger lösen längst Bewunderung aus. Die Gault-Millau-Redaktion hält den Solitär für „ein überwältigendes Weinmonument" und den Granat für die „eindeutig beste Rotweincuvée Württembergs". Er könne wie kein anderer Rotwein der Region durch Lagerung erheblich gewinnen. Aber Albrecht Schwegler schmückt sich nicht nur mit teuren Juwelen: Seinen einfachen Tropfen, der schlicht D'r Oifache heißt und in dem Trollinger steckt, nennen die Tester „fast schon spektakulär". Die Literflasche kostet um die acht Euro.

Mehr als öko: Homöopathie für den Wein

DIE SIGLINGERS IN GROSSHEPPACH LASSEN IM WEINBERG UND IM KELLER DIE NATUR WALTEN

Für Manfred Siglinger und seine Frau Karin ist die Arbeit in ihrem Weingut teilweise wie Meditation. Zum Beispiel, wenn sie in einem speziellen Holzzuber eine Art Dünger anrühren, mit einem langen Stab, der in einem Haken an der Decke hängt. Eine Stunde dauert die Prozedur. „Beim Rühren ist man mit seinen Gedanken alleine", sagt Karin Siglinger. Immer im gleichen Rhythmus geht es mal links herum, dann rechts herum, so schwungvoll, dass das Wasser in dem Zuber einen tiefen Trichter bildet. Damit sich der Hornkiesel ordentlich darin auflöst. Etwa einen Teelöffel von dem weißen Pulver gibt sie in den Zuber, pro Hektar sind es vier Gramm. Der Hornkiesel soll das Bodenleben im Weinberg stimulieren.

Konventionell haben die Siglingers noch nie Weinbau betrieben. Als sie 1989 die Familienstückle übernahmen, zählte das Ehepaar zu den ersten Bio-Winzern in Württemberg. Seither sind sie eines der rund 250 deutschen Mitglieder im Verband Ecovin. Aber öko war ihnen nicht genug, 2008 stellten sie ihren Großheppacher Betrieb auf die strengen, anthroposophischen Demeter-Richtlinien um. In Württemberg gibt es nur fünf Weingüter, die sich daran halten; in ganz Deutschland sind es etwas mehr als 30. Ihre 1,5 Hektar schaffen Manfred und Karin Siglinger im Nebenerwerb. Es ist ihr Gemeinschaftsprojekt: Beide sind Agraringenieure, an der Universität Hohenheim lernten sie sich kennen. Im Hauptberuf ist Manfred Siglinger Abteilungsleiter bei der Abfallverwertungsgesellschaft Rems-Murr. Außerdem hat ihn sein Engagement für die Umwelt noch für die Grüne Offene Liste in den Gemeinderat von Weinstadt gebracht. Wasser rhythmisch rühren, minimale Pulvermengen in den Weinberg geben – wissenschaftliches Arbeiten stellt man sich anders vor. „Wer sich mit der Materie nicht beschäftigt hat, für den klingt es seltsam", gibt Manfred Siglinger zu. Demeter hat die gleichen Grundsätze wie der bio-dynamische Anbau: Chemisch-synthetische Dünger sind beispielsweise absolut tabu und gegen Schädlinge dürfen nur mineralische Mittel wie Schwefel oder Kupfer begrenzt eingesetzt werden. Aber zusätzlich setzen die Demeter-Vertreter unter anderem auf die Hornkiesel-Präparate. „Darin sind die Sonnenkräfte eingefangen", erklärt Karin Siglinger, und ihr Mann ergänzt: „Das Prinzip ist vergleichbar mit der Homöopathie." Der Thun'sche Mondkalender, der das Jahr unter anderem in Wurzel- und Fruchttage einteilt, gibt dem Ehepaar die Aussaattermine vor.

Es ist noch gar nicht so lange her, da hatte Bio-Wein einen extrem schlechten Ruf. „Im Weinberg hui, im Keller pfui", so muss es gewesen sein, vermutet auch Karin Siglinger. Sie und ihr Mann gelten hingegen als bester Ökobetrieb im Remstal und als Geheimtipp. Bei Verkostungen im Ecovin-Verband sind sie regelmäßig auf den vorderen Plätzen, und auch die Tester der Weinführer haben sie überzeugt.

Überhaupt haben sich die Zeiten gewandelt: „Bio-Weine sind in und öko ist auf jeden Fall ein Verkaufsargument", erklärt die Winzerin. In dem ganzen Bereich tut sich was: Die Fellbacher Rainer Schnaitmann und Markus Heid haben etwa auf öko umgestellt, ohne dies allerdings groß publik zu machen. „Das ist schlicht und einfach erfreulich", sagt Manfred Siglinger. Er und seine Frau sind im Beratungsdienst Ökologischer Weinbau aktiv und zeigen gerne anderen Kollegen, wie sie arbeiten. Die Siglingers sind natürlich davon überzeugt, dass sich ihr Umgang mit der Natur positiv auf die Weinqualität auswirkt.

Ihren Ansatz haben die Nebenerwerbswengerter deshalb in den Keller übertragen. Beispielhaft dafür stehen die Spätlesen von Riesling, Regent und Spätburgunder aus der Reihe Naturgewächse. Die von Hand gelesenen Beeren werden spontan vergoren – also

ohne Hilfsmittel wie Reinzuchthefen oder Enzyme. Auch die Erhöhung des natürlichen Mostgewichts durch Zuckerzusatz oder die Konzentrierung des Safts unterbleibt. Zum Schluss kommt der Wein unfiltriert vom Eichenfass auf die Flasche. Mit den anderen württembergischen Ökobetrieben Schmalzried, Andreas Stutz und Schäfer-Heinrich haben sich die Siglingers für diese Reihe zusammengetan. Auch wenn es eines ist, Naturgewächs dürfen sie laut Gesetz jedoch nicht auf ihre Flasche schreiben, ein großes N muss reichen.

Übrigens geben die Großheppacher Bio-Winzer offen zu, dass in ihren Weinen doch noch etwas anderes steckt, was die Natur so nicht hergibt: die Kombination aus Experimentierfreude und westfälischer Sturheit, die Karin Siglinger beiträgt, mit der traditionsbewussten, wohl kalkulierten schwäbischen Offenheit ihres Mannes.

Weingut Siglinger
Rebenstraße 21
71384 Weinstadt-Großheppach
Telefon 0 71 51 – 90 62 88
www.siglinger.de

oben: Pro Hektar vier Gramm: Hornkiesel stimuliert das Bodenleben

links: Karin und Manfred Siglinger: Meditation beim Hornkieselrühren

Da vergeht den Spöttern das Lachen: trinkbare Tropfen aus Tübingen

CHRISTIAN GUGEL BAUT EIN NEUES WEINGUT AUF
UND ARBEITET SOGAR FÜR DIE UNIVERSITÄT

Wenn Christian Gugel seinen Wein ausschenkt, stehen die Leute Schlange. Dabei wird er in keinem einschlägigen Führer empfohlen und renommierte Preise hat er auch noch nicht gewonnen. Aber er hat eine geniale Nische gefunden: Christian Gugel macht Wein in Tübingen. Zu seinem Weinfest im August kommen sie in Scharen: Die Besenwirtschaft ist auch immer voll. Studenten und Professoren, Geschäftsleute und Angestellte, Touristen und Einheimische haben offensichtlich auf diese Gelegenheit gewartet. „Der Tübinger Wein lässt sich gut verkaufen", räumt Hermann Gugel, der seinem Sohn beim Aufbau des Weinguts hilft, unumwunden ein. Dabei ist dessen Image ein Witz. Und der geht so: Der Tübinger Wein ist derart sauer, dass er einem ein Loch in den Magen frisst. Dieses Loch kann nur mit Reutlinger Wein wieder gestopft werden, denn der ist wiederum noch saurer, sodass sich im Magen alles wieder zusammenzieht.

Christian Gugel nimmt diesen schlechten Ruf sportlich. Einerseits gibt der Gog, so nennt man in Tübingen die Wengerter (wofür es zu viele Erklärungen und Thesen gibt, um sie hier aufzuführen), zu: Auf den Hängen rund um die Universitätsstadt konnten früher einfach keine guten Gewächse gedeihen. Tübingen liegt unweit des Albtraufs, ist also nicht gerade von der Sonne verwöhnt. Aber der Klimawandel nimmt dem schlechten Ruf den Boden. Trauben, die früher nur einen Wein hergegeben haben, der höchstens zum Rausch und zur Magenverätzung taugte, werden heute reif. „Ich halte ja gar nichts vom Klimawandel, aber in dem Bereich ist er positiv", sagt sein Vater. Sogar Merlot haben sie angepflanzt.

Das Geschäft mit dem Wein hat Hermann Gugel aufgegriffen. 1989 nahm er den Besen wieder in Betrieb, den seine Eltern in den 1950er Jahren noch in ihrer Wohnstube betrieben hatten. Etwa 30 Ar mit Reben erbte er und zählte damit zu den wenigen Wengertern in der Stadt. Dass Tübingen im Mittelalter eine der größten Weinbaugemeinden war und die Handelswege bis nach Wien reichten, erzählt er gerne. Die Hälfte der Tübinger ernährte sich vom Weinbau; auf rund 400 Hektar standen die Reben. Noch um 1820 galt Tübingen als sechstgrößte Winzergemeinde in Württemberg. Die Genossenschaft hatte einst fast 500 Mitglieder. „Nur ein paar Weinberge haben überlebt, und dazu zählte unserer", fasst Hermann Gugel, Jahrgang 1952, die Familiengeschichte zusammen. Seine Eltern waren Landwirte; er selbst arbeitete 38 Jahre lang bei der Stuttgarter Berufsfeuerwehr.

Sein Sohn Christian, Jahrgang 1979, ließ sich erst zum Schreiner ausbilden und kam dann auf die Idee, ein richtiger Winzer zu werden. Bei Christel Currle in Uhlbach absolvierte er seine Lehre. Im Jahr 2004 siedelten Vater und Sohn ihr Unternehmen von der Weststadt in den Kreuzberg aus. Zwei Hektar bewirtschaften sie mittlerweile in Tübingen, Unterjesingen und Hirschau. Es sollen noch mehr werden. Jedes Jahr pflanzen die Gugels 1500 Rebstöcke neu an. Momentan muss sich Christian Gugel noch ein Zubrot verdienen; halbtags arbeitet er im botanischen Garten der Universität. Einst war das Verhältnis zwischen den Tübinger Professoren und den Wengertern zwar mehr als zerrüttet. Sie wollten nichts miteinander zu tun haben. Das lag wohl daran, dass die Weingärtner die Arbeit machten und trotzdem Hunger leiden

mussten, während sich die Professoren mit dem Ausschank des Weins ein schönes Zubrot verdienen durften. Christian Gugel hat keine Berührungsängste: Er macht auch für die Universität Wein von den Lagen Schlossberg und Wurmlinger Kapellenberg.

Der junge Gog geht mit Ehrgeiz, aber auch entspannt ans Werk, und deshalb kommt eine feine Sache dabei heraus. „Wer einen Aldinger oder Schnaitmann in der Nachbarschaft hat, der muss sich daran orientieren. Aber von Tübingen sind die weit weg, und ich kann mein eigenes Ding machen", sagt Christian Gugel. Er tut dies mit der nötigen Portion Realitätssinn, wagt aber auch viel. Aus dieser Kombination entstehen spannende Weine. Zum Beispiel ein Sauvignon blanc aus dem Holzfass oder die Rotweincuvée aus terrassierten Steillagen. Frisch, rund, nach heller

Kirsche schmeckt der Rote. Der Reutlinger Wein zur Magenreparatur ist da völlig überflüssig. Trotzdem gibt es noch einen Witz zum Schluss, und der geht so: Ein Gog und ein Student stehen auf der Neckarbrücke. Der Student sagt: „Ich kann dichten! Höret er doch: Ich stehe auf der Neckarbrück', und spuck den Fischen ins Genick." Da sagt der Gog: „Des ko i au: I stand uff d'r Neggrbrick und steck d'r Fenger en d'r Arsch." Sagt der Student: „Das reimt sich doch gar nicht." Darauf sagt der Gog: „Aber dichta duads!"

Weinbau Hermann und Christian Gugel GbR
Kreuzberg 46
72070 Tübingen
Telefon 0 70 71 – 7 93 66 10
www.weinbau-gugel.de

Christian Gugel: Tübinger Goge am Tübinger Schloss

In der Champagne abgekupfert: Schwaben erfinden den Sekt

GEORG CHRISTIAN KESSLER SORGT IN ESSLINGEN FÜR EINE GLAMOURÖSE GESCHICHTE

So stolz, wie die Schwaben auf ihre Erfindung des Automobils sind, so stolz könnten sie eigentlich auch auf ihren Sekt sein. Der Schaumwein nach Champagnerart ist nämlich ebenfalls ein Werk aus der Epoche der Tüftler und Erfinder in Württemberg: 1826 gründete Georg Christian Kessler die erste und langlebigste Sektkellerei Deutschlands in Esslingen. Der Mann war in der Tat ein ebenso mutiger Visionär wie Gottlieb Daimler oder Carl Benz. Dass er sein Hauptprodukt abgekupfert hat, ist dabei absolut nebensächlich, denn in der Herstellung, Finanzierung und

Vermarktung zeigte er seinen Pioniergeist. „Der von Herrn Kessler in Esslingen fabrizierte moussierende Wein verdrängt die ausländischen Gattungen dieser Art heute ganz und dessen Wohlgeschmack gewährt die Überzeugung, dass man des Auslandserzeugnisses wird füglich entbehren können", lobte ihn die Gesellschaft zur Verbesserung des Weins bereits ein Jahr nach seiner Unternehmensgründung.

Georg Christian Kessler muss ein unverzagter und abenteuerlustiger Mensch gewesen sein. Er kam 1787 als Sohn eines Organisten und Stadtgerichtsasses-

Markus Krieg:
Kellermeister bei Kessler

sors in Heilbronn auf die Welt – und stieg am Ende seines Lebens bis in den Adelsstand auf. Schon als 14-jähriger Junge verließ er sein Elternhaus in Richtung Neuwied am Rhein, um eine kaufmännische Lehre in einem Ledergeschäft zu absolvieren. Danach zog es ihn gleich weiter ins damals französische Mainz, wo er 1804 Kontorist in einer renommierten Lederwarenhandlung wurde. Auf Empfehlung eines Freundes stellte schließlich die legendäre Champagner-Witwe Veuve Clicquot-Ponsardin den damals 20 Jahre alten Heilbronner ein. Sein Arbeitseifer muss sie schwer beeindruckt haben: Der fleißige Schwabe schaffte es vom einfachen Büroschreiber zum Geschäftspartner und Teilhaber von Barbe-Nicole Clicquot-Ponsardin in Reims.

Ein Schicksalsschlag trieb Georg Christian Kessler nach 20 Jahren in seine württembergische Heimat zurück: 1825 starb seine französische Frau nach einer Totgeburt. Außerdem hatte er sich mit der Veuve Clicquot verkracht, weil ihm die versprochene Übernahme des Champagnerhauses verwehrt geblieben war. In Esslingen tat er sich für die Sektherstellung mit dem Weinhändler Heinrich August Georgii zusammen. Im ersten Jahr füllten sie 8000 Flaschen ab, ein Jahr später waren es schon 30 000 und 1828 dann 54 000. Georg Christian Kessler ließ seine Beziehungen spielen, um das Geschäft voranzubringen. 1826 heiratete er mit Auguste von Vellnagel die Tochter des Chefs des königlichen Kabinetts. Sein „moussierender Neckar-Wein" avancierte zum Lieblingsgetränk am württembergischen Hof und in den besten Kreisen. König Wilhelm schmeckte der Sekt so, dass er Georg Christian Kessler 1841 ein „von" als Namenszusatz gönnte. Schon im Jahr darauf starb der Unternehmer.

Kessler-Sekt wurde von 1835 an über 170 Jahre von der Familie Weiss geprägt. Sie setzte dabei ebenfalls erfolgreich auf Marketing. Mit Kessler Cabinet kam 1850 die allererste und älteste Sektmarke Deutschlands heraus. 1865 schauten König Karl und Königin Olga in Esslingen vorbei, später wurde die Kellerei

Der uralte Kellerpilz sorgt seit Jahrhunderten für gutes Klima

Hoflieferant. Auf der Pariser Weltausstellung bekam der Sekt 1867 „die volle Anerkennung" und wurde als „erfreuliches Zeichen deutscher Betriebsamkeit" hochgelobt. Auch Gottlieb Daimler stieß offenbar mit Kessler auf seine bahnbrechenden Ideen an; er bestellte erstmals 1896 ein paar Kisten. Betriebsam ging es im 20. Jahrhundert weiter; die Piccolo-Flasche ist eine Erfindung aus Esslingen. Sie kam zum Beispiel beim Medicinal-Sect zum Einsatz. Unter diesem Etikett wurden die kleinen Flaschen vermarktet, die genau zwei Gläser hergeben. Diese Menge verordnete der Chirurg Ferdinand Sauerbruch nach Operationen, um die Genesung zu forcieren.

Bis heute heißt es ja, dass Sekt den Kreislauf anregt. Nachgewiesen ist, dass Schaumwein nicht nur wegen des Alkohols gute Laune macht: Das Getränk erhöht im menschlichen Körper den Dopaminspiegel, wodurch wiederum die Stimmung steigt. Die Glücksstoffe im Sekt kommen in der harten Winterzeit und an Silvester natürlich besonders gut an. Die Hälfte seines Absatzes bringt das Unternehmen im vierten

Quartal eines jeden Jahres unter die Leute. Kessler sieht sich selbst als Veredelungsbetrieb, weil der Rohstoff Wein in Esslingen sozusagen auf eine höhere Ebene gebracht wird. Zuständig dafür ist seit 2007 Markus Krieg, Jahrgang 1978. Er war zuvor beim Sekthaus Raumland in Rheinhessen beschäftigt, dem

zurzeit besten Sektmacher Deutschlands. Die rund 1,5 Millionen Flaschen, die der Kellermeister und seine Mitarbeiter jährlich herstellen, werden noch wie zu Zeiten des Gründers produziert, heißt es in der Firmenbroschüre. Bei der Flaschengärung muss also im Prinzip Champagner herauskommen, in der Champagne hatte Georg Christian von Kessler schließlich sein Handwerk gelernt.

Das glamouröse Getränk hat Kessler auch im 20. Jahrhundert eine glamouröse Geschichte beschert. 1953 besuchte Romy Schneider das Unternehmen; 1956 wurde das Esslinger Hochgewächs bei Staatsempfängen gereicht – unter dem Namen Adenauer-Sekt. John F. Kennedy und seine Jacky sollen es 1963 in Berlin getrunken haben; Queen Elizabeth zwei Jahre später ebenfalls. Hauptsitz ist nach wie vor der Speyrer Pfleghof, ein mehr als 800 Jahre altes Haus direkt am Esslinger Marktplatz. Dort wuchert der schwarze Kellerpilz im Untergrund, ein Gütesiegel für gesundes und stabiles Klima. Mehrere Tausend Menschen lassen sich jedes Jahr durch das alte Gemäuer führen und die Historie erzählen.

Ein anderes Kapitel ist allerdings nicht ganz so schön, denn die Inhaberfamilie Weiss musste im Jahr 2004 Insolvenz anmelden. Aber es gibt ein Happy End schon im Jahr darauf. Mit neuen Investoren und dem neuen geschäftsführenden Gesellschafter Christoph Baur wird die Unternehmensgeschichte als unabhängige Sektmanufaktur seit 2005 fortgeschrieben. Dadurch steigerte sich auch die Qualität des Produkts gewaltig. Und nach wie vor lässt Georg Christian von Kessler seine Beziehungen für sein Lebenswerk spielen. Er ist weiterhin auf der Höhe der Zeit und sammelt nun im virtuellen Netzwerk Facebook Freunde des Esslinger Sekts.

Württemberger Schaumschläger

Die Schwaben scheinen es besonders prickelnd gefunden zu haben, eigenen Champagner zu machen. Bereits im Jahr 1764 hat angeblich ein Prälat Sprenger aus Maulbronn einen dem Champagner ähnlichen Wein gemacht. Klevner und Ruländer vom Eilfingerberg dienten ihm als Grundlage, berichtete der Weinhistoriker Carl Volz aus Stuttgart. Es soll der für ganz Deutschland erste Versuch der Champagnerherstellung gewesen sein. In Württemberg hatte man „dem westlichen Nachbarn dieses schäumende, moussierende Geheimnis abgeschaut und versucht, nunmehr mit schwäbischer Gründlichkeit, solches im eigenen Ländle umzusetzen, sodass Württemberg den Anspruch erheben darf, als älteste Stätte der Schaumwein- beziehungsweise Sektherstellung in Deutschland zu gelten", schreibt Richard Hachenberger. Neben Kessler führt er in seiner Schrift „Von den ersten moussierenden Weinen in Württemberg" Sektpioniere in Heilbronn und Weinsberg auf. Fast gleichzeitig baute der Jurist Christian Zeller in Heilbronn Neckar-Champagner aus. Seine Unternehmung ging jedoch ebenso pleite wie der Weinsberger Kneipenbesitzer Simon Mall, der sich auch darin versucht hatte. Sogar in Rottweil gab es eine Schaumwein-Kellerei: Dort hatte der laut Hachenberger „wohlhabende und als eigenwillig bezeichnete Pulverfabrikant Max von Duttenhofer" eine solche Fabrikation um die Jahrhundertwende aufgebaut. „Rottweiler Gold" hieß eines seiner Produkte. 1905 verkaufte seine Witwe die Kellerei an Kessler. Ludwig Rillings Geschäft in Bad Cannstatt hat sich dagegen gehalten. 1887 eröffnete er ein Lebensmittelgeschäft. 1900 kaufte er das heutige Stammhaus in der Brückenstraße 8–10 am Neckar mit einem Gewölbekeller, der 1608 gebaut worden sein soll. Von diesem Keller inspiriert, begann Rilling mit dem Weinhandel. Mit dem Sektmachen fing er erst 1935 an, zwei Jahre später bekam er für seinen Eilfingerberg Riesling auf der Pariser Weltausstellung eine Goldmünze. Die Familie hat den Betrieb weiterhin im Griff: Seit 2010 sitzen die Urenkel des Firmengründers, Bernhard und Charlotte Rilling, am Ruder.

Kessler Sekt GmbH & Co. KG
Marktplatz 21–23
73728 Esslingen am Neckar
Telefon 0711 – 3 10 59 30
www.kessler-sekt.de

Konkurrenz für die Champagne: eine Bratbirne als Zankapfel

**JÖRG GEIGER BRINGT IM LANDKREIS GÖPPINGEN
HEIMISCHES STREUOBST GROSS HERAUS**

Gewürzluike, Gelbmöstler und Börtlinger Weinapfel, Oberösterreicher Weinbirne, Roter Berlepsch und natürlich die Champagnerbratbirne: Jörg Geiger hantiert nicht mit Riesling und Trollinger, sondern mit den Früchten der Streuobstwiesen am Albtrauf bei Göppingen. Damit hat der Koch und Hotelfachwirt aus Schlat, Jahrgang 1969, sogar Berühmtheit erlangt. Er nahm es nämlich mit der Champagne auf. 1997 gründete er seine Manufaktur, deren herausragendes Produkt ein Schaumwein aus der Champagnerbratbirne ist. Dass er allerdings das Wort Champagner groß auf seine Flaschenetiketten schreiben ließ, passte den Franzosen gar nicht, die den Ruf ihres Edelgetränks vor allen möglichen Ansprüchen schützen. Jörg Geiger kämpfte sich durch alle Instanzen und erreichte immerhin einen Vergleich: Das Wort Cham-

pagner darf er weiterhin benutzen, nur viel kleingedruckter.

Für die Besitzer von Streuobstwiesen ist die Schlater Manufaktur ein Segen. Vom Landkreis Göppingen und der Steinbeis-Stiftung hat Jörg Geiger für seine Ideen einen Innovationspreis erhalten, und auch der Landesverband für Obstbau, Garten und Landschaft preist ihn in den höchsten Tönen. Denn er hat Sorten, die niemand mehr essen will wegen ihres hohen Gerbsäuregehalts, eine Zukunft gegeben. Damit bleibt die genetische Vielfalt unter den Apfel- und Birnbäumen erhalten. 250 Zulieferer hat Jörg Geiger, sie bringen ihm 250 verschiedene Obstsorten. Dafür bekommen sie einen guten Preis: Während Saftkeltereien höchstens acht Euro für 100 Kilo Obst bezahlen, gibt er das Doppelte. Und die Champagnerbratbirne ist ihm sogar bis zu 50 Euro für zwei Zentner wert. Logisch, dass die Leute in der Gegend seither wieder ihre Wiesen pflegen und neue Bäume pflanzen.

Seine Innovationen schöpft Jörg Geiger aus der Tradition. Das Gasthaus Lamm ist eigentlich sein Hauptberuf. Seit dem Dreißigjährigen Krieg im 17. Jahrhundert ist es im Familienbesitz. Eine Schnapsbrennerei, in der heimisches Obst wie die Gaishirtle (eine Birnensorte) verarbeitet werden, gehörte zum Betrieb sowie eine Obstwiese, auf der ein paar knorrige Bäume standen, die ungenießbare Früchte trugen. In deren Name steckt bereits ihre Bestimmung: Champagnerbratbirne. Jörg Geiger wusste auch von einer Urkunde aus dem Jahr 1760, die die Schaumweinherstellung mit dieser „Weinbirne aller ersten Ranges" beschreibt, lange bevor Kessler und Konsorten in Württemberg Sekt aus Trauben herstellten. Die Birne, die sich durch ihre Gerbstoffe, ihren Säure- und Zuckergehalt auszeichnet, wird gewaschen, gemahlen und gepresst. Der Saft gärt fast drei Monate lang in gekühlten Edelstahltanks. Nach der Flaschenfüllung beginnt die zweite Gärung mit Restzucker und Champagnerhefe. Etwa neun Monate bleibt der Schaumwein in der Flasche, bis er gerüttelt und vom Hefepfropf befreit wird.

Jörg Geiger bringt Gästen sein Produkt am liebsten in Zimmer 6 nah: Mitten in einer Streuobstwiese befindet sich ein kleines romantisches Häuschen mit Terrasse und einem weiten Blick ins Tal. „Das Tolle ist, dass wir hier einen Obstbaumbestand haben, der 250 Jahre alt ist", sagt er dort und schenkt dazu seinen Schaumwein aus der Champagnerbratbirne aus. Je älter der Baum, desto besser das Aroma der Früchte, hat er festgestellt. 30 Jahre dauert es, bis so ein Birnbaum ordentlich trägt, und er bietet auch nicht jedes Jahr Früchte. Unterhalb von Zimmer 6 hat Jörg Geiger einige Reihen mit neuen Champagnerbratbirnenbäumen gepflanzt. „Ich wollte immer mit der Natur arbeiten", sagt er, „und das Schöne an den Streuobstwiesen ist, dass man sie in China nicht von heute auf morgen nachbauen kann."

Für die Vermarktung seiner Innovation aus der Tradition bekam Jörg Geiger von den Franzosen dann ungewollte Schützenhilfe: Die Prozesse, die das Comité Interprofessionel du Vin de Champagne in Épernay bei Reims über mehrere Instanzen zwischen 2000 und 2005 gegen den Schwaben führte, machten ihn bekannt. Die Franzosen waren recht siegessicher, 1969 hatten sie vor Gericht einem „Champagner-Weizenbier" den Garaus gemacht und 1988 dem „Champagner unter den Mineralwässern" – unter anderem, weil es sittenwidrig ist, einen fremden Ruf für das eigene Geschäft auszunutzen. Dass er solches im Sinn hatte, weist Jörg Geiger weit von sich. „Wenn man den Berg hochläuft, kennt man den Weg nicht", sagt er über die kostspieligen Verfahren. Und tatsächlich verlor er den Prozess, aber ein Sieg war es indirekt trotzdem.

Bei Feinschmeckern ist der Sekt aus der Champagnerbratbirne jedenfalls gut angekommen. „In diesem hochoriginellen Schaumwein verbinden sich reife Birnenaromen mit sanften Gerbstoffen zu einer feinen Harmonie, die manch große Champagner-Marke blass aussehen lässt", schreibt zum Beispiel der Weinkritiker Stuart Pigott. Gelobt wird Jörg Geiger außerdem und unter anderem für seinen Schaumwein aus Hauxäpfeln, der im Barrique reift, weil den Früchten die Gerbstoffstruktur der Birne fehlt, sowie für seine Obstweine und die alkoholfreien Seccos. Mittlerweile hat die Manufaktur eine Palette von mehr als 30 Produkten zu bieten. 14 Mitarbeiter sind damit beschäftigt, 300 000 Flaschen im Jahr zu produzieren. Vielleicht gehen Jörg Geiger die Ideen für seine Manufaktur nur deshalb nicht aus, weil er sie als sein Hobby ansieht, „ein großes" allerdings, „eine Sache, wo mein Herz drinsteckt".

Manufaktur Jörg Geiger
Reichenbacher Straße 2
73114 Schlat/Göppingen
Telefon 0 71 61 – 9 99 02 24
www.manufaktur-joerg-geiger.de

Württemberger Randlagen

Gerlingen

Kein Ausflug in die Weinwelt ist mir zu abenteuerlich, als dass ich davor zurückschrecken würde. Dabei bin ich vor dieser Tour tatsächlich gewarnt worden: Sobald ich die Nachbarstadt in Kombination mit Wein erwähnte, verzogen alle ortskundigen Leute das Gesicht. „Gerlinger Wein?", fragten sie entsetzt, um anzufügen: „Den kann man auf keinen Fall trinken!" Die Ortsunkundigen konnten sich überhaupt nicht vorstellen, dass an den Hängen hinter dem Schloss Solitude überhaupt noch eine Traube wächst.

In der Tat wirken die Weinberge unterhalb der Schillerhöhe eher wie eine vinologische Schrebergartenanlage. Wer vor Augen hat, wie die Hänge am Neckar entlang in Stuttgarts Osten mit Reben protzen, der übersieht die Gerlinger Bemühungen leicht, zumal auch noch die Aussicht über das Strohgäu von einer genaueren Untersuchung der Umgebung ablenkt.

Die Gerlinger lassen sich aber nicht beirren und machen ihr eigenes Ding – im Juli feiern sie zum Beispiel das Weinblütenfest. Mit von der intimen Partie ist Hans-Jürgen Schopf, der mit seinem Sohn Christoph anderthalb Hektar bewirtschaftet und sieben Weine aus der kleinen Fläche keltert. Kaufen kann man die Flaschen übrigens im Blumengeschäft der Tochter Bärbel. Die Rotwein-Cuvée des Betriebs macht richtig Spaß: Der Nord-Stuttgarter erinnert an einen Südfranzosen. Und wer hätte so etwas vom Gerlinger Wein gedacht? Noch mehr Lust auf einen Ausflug ins vinologische Randgebiet? Dass sich die Stuttgarter Großlage Weinsteige bis nach Leonberg und Eltingen ausdehnt, dürfte für so manchen Weintrinker ebenfalls eine Überraschung sein. Tatsächlich machen im Landkreis Böblingen noch etwa 50 Wengerter aus etwa fünf Hektar Rebfläche Wein. Was am Leonberger Ehrenberg so gedeiht, kann man zum Beispiel in der Weinstube Weidenbusch von Herbert Hartmann in Eltingen probieren.

Weinbau Schopf
www.weinbau-schopf.de

Reutlingen

Reutlingen scheint ein besonderer Flecken zu sein. Vor einigen Jahren tauchte die Stadt in vielen Statistiken auf, weil sie anteilig an der Bevölkerung die meisten Millionäre vorweisen konnte. Sehr spendabel scheinen diese wiederum nicht zu sein, denn Reutlingen ist außerdem durch das Mutscheln bekannt, einen eigentümlichen Brauch, bei dem um Backwerk gewürfelt wird. Und was noch viel weniger zu den Millionären passt: In Reutlingen gibt es die engste Straße der Welt, die Spreuerhofstraße. Für den Eintrag ins Guinnessbuch der Rekorde wurde genau gemessen: Sie ist 31 Zentimeter breit. Bei dieser Vorgeschichte ist es nicht überraschend, dass in Reutlingen auch Wein wächst – und zwar auf Geheiß des Gemeinderats. 1957 beschlossen die Räte, einen alten Brauch zu beleben, und ließen auf 58 Ar an der Reutlinger Sommerhalde Reben pflanzen. Im Mittelalter lebte schließlich die halbe Stadt vom Weinbau. Allerdings war der Wein vom Fuß der Alb wohl nicht unbedingt ein Genuss. Prinz Eugen von Württemberg soll beteuert haben, dass er lieber noch einmal die Mühsal der Eroberung von Belgrad auf sich nehme,

Schönes Farbenspiel:
Trauben im Herbst

als ein zweites Mal einen Humpen Reutlinger Wein zu leeren. Mit solch üblen Sprüchen ließ sich Gerhard Henzler nicht von seinem Plan abbringen: Der Reutlinger hat schwer geackert, um an der Achalm einen Weinberg anlegen zu dürfen. Die EU war jahrelang strikt dagegen. 2007 hat er endlich 25 Ar mit Reben bepflanzt. „Initiative Reutlinger Wein" heißt sein Projekt. Das Weinbaugebiet kurz unterhalb der Schwäbischen Alb heißt Oberer Neckar. Auf etwas mehr als 30 Hektar wachsen dort Reben, neben Reutlingen und Tübingen auch in Rottenburg. Die bekannteste Lage

von Rottenburg wiederum heißt Wurmlinger Kapellenberg. Auf vier Hektar stehen dort Weinstöcke. Gepflegt werden sie hauptsächlich von Hobbywinzern, die sich im Weinbauverein Wurmlingen zusammengeschlossen haben.

Stadt Reutlingen
www.reutlingen.de

Initiative Reutlinger Wein
www.reutlinger-wein.de

Metzingen

In Metzingen geht man nicht einkaufen, da geht man shoppen. Kaum zu glauben, dass der Wandel zur Schnäppchenstadt einst mit einem popeligen Fabrikverkauf begonnen haben soll. Heute ist ganz Metzingen eine einzige Open-Air-Shoppingmall. Ich war nur einmal dort, weil halt alle dort waren. Aber um tatsächlich Schnäppchen zu machen, muss man meiner Meinung nach entweder in Kleidergröße 34 passen oder einen seltsamen Geschmack haben. Eines

Tages entdeckte ich auf der Durchfahrt allerdings ein Schild: Es führte zu den sieben Keltern! Damit war klar, dass auch ich in Metzingen ein Einkaufserlebnis haben kann. Logisch, dass sich die Weingärtner ebenfalls eine moderne Verkaufsstelle gebaut haben. Ihr Wein ist allerdings nicht unbedingt mit einer Markenklamotte gleichzusetzen. Zwar erklären die Wengerter vom Rand der Schwäbischen Alb, was alle Weinproduzenten erklären – dass sie sehr auf Qualität achten. Aber in der Sieben-Kelter-Stadt kochen sie schon noch ein eigenes Süppchen. Auf 30 Hektar im Ermstal reifen ihre Reben heran. Eine absolute Spezialität ist die Metzinger Cuvée, für die Schwarzriesling mit Spätburgunder (statt Trollinger mit Lemberger) gemischt wird. Damit lässt sich nach einer anstrengenden Einkaufstour gut der Durst löschen.

Weingärtnergenossenschaft Metzingen-Neuhausen
www.wein-metzingen.de

Bodensee

Weil Württemberg fast bis Italien reicht, habe ich mich im Sommer mal am Schwäbischen Meer (Badener dürfen an dieser Stelle gerne fluchen) umgeschaut. Dass es am Bodensee gute Weine gibt, ist nicht neu. Dass ein Teil davon zum Anbaugebiet Württemberg gehört, ist wenigen bekannt. Statt zum gemütlichen Badeurlaub in Baden habe ich mich also ins touristische Niemandsland aufgemacht. Die Winzer dort fordern schon längst eine gemeinsame Weinregion Bodensee, aber die badisch-württembergischen Animositäten lassen diese Grenzüberschreitung nicht zu. Dafür gehören zu Württemberg die Bereiche Württembergischer Bodensee und Bayerischer(!) Bodensee. Immerhin verwöhnt die Sonne an dieser Stelle alle Trauben gleichermaßen. Der Abstecher nach Betznau bei Kressbronn lohnt sich: In diesem Ort betreibt Alois Rottmar die Rädlewirtschaft. Als Württemberger hat er es neben der badischen Konkurrenz zwar schwer. Das scheint den Mann aber anzuspornen und spannende Weine sind das Ergebnis. Vor allem sein Spätburgunder gefällt mir. Auf der Maische vergoren, ist das ein robuster Vertreter dieser Sorte. Württemberg kann also auch Bodenseewein.

Weinbau – Brennerei – Rädlewirtschaft Rottmar
www.weinbau-rottmar.de

Bad Mergentheim

Einheimische bezeichnen Bad Mergentheim und Hohenlohe gerne als Delikatessenladen des Landes. Das Hohenloher Rind wächst dort auf, ebenso das Schwäbisch-Hällische Landschwein. In der Gegend gibt es sieben Restaurants, denen der Guide Michelin einen Stern verliehen hat, ungefähr so viele wie in Stuttgart. Sie ist außerdem entlang der Flüsse Kocher, Jagst und Tauber das nördlichste Anbaugebiet Württembergs. Um diese Angaben zu überprüfen, bin ich in Bad Mergentheim direkt in einen Delikatessenladen marschiert. Prompt hielt mir die Verkäuferin einen Vortrag über „den fantastischen Wein", den sie im und um das Taubertal machen. Dann zog sie eine Flasche aus dem Regal und schwärmte vom Tauberschwarz. Ein Eigengewächs unbekannter Herkunft: Einst in Vergessenheit geraten, wurden vor einem halben Jahrhundert auf einem Weinberg 400 Rebstöcke dieser Sorte entdeckt. An der staatlichen Lehr- und Versuchsanstalt sind sie wiederbelebt worden, und mittlerweile wird der Tauberschwarz auf mehr als zehn Hektar angebaut. Vom Weingut Schumm habe ich eine Flasche mitgenommen und muss sagen: Für Ortsfremde ist der Wein wohl gewöhnungsbedürftig. Leicht ist er, nicht so fruchtig, eher rauchig in der Nase und mit einem Geschmack nach Pfeffer versehen. Aber solche Eigenheiten muss man pflegen, denn sie sind stets spannender als Einheitsbrei.

Weingut Carl Schumm
www.weingut-schumm.de

WEINQUELLEN

In zwölf Tagen 400 000 Liter Wein: Beim Stuttgarter Weindorf werden ordentlich Viertele geschlotzt. Der Fellbacher Herbst ist das größte Erntedankfest der Region. Wer den Württemberger lieber privat genießt, der ist in bestimmten Geschäften gut beraten.

Zum Wohle der Stadt

AUF DEM SCHÖNSTEN WEINDORF DEUTSCHLANDS TREFFEN SICH EINE MILLION MENSCHEN

Dass der Oberbürgermeister der schwäbischen Weinmetropole jedes Jahr auf dem Cannstatter Volksfest mit einem Fassanstich dem Bier hochoffiziell seine Referenz erweist, konnte auf Dauer nicht ohne Murren der Wengerter, Wirte und Weinfreunde bleiben. Sie forderten ebenfalls ein Fest, schreibt Gunter Link in seinem Buch „Stuttgart und sein Wein". Das Ergebnis des Protests: 1976 zog zum ersten Mal das Weindorf in die Stadt ein. „Stuttgarts City wird zur Besenwirtschaft" lautet die Überschrift in der Stuttgarter Zeitung vom 20. August in jenem Jahr. Das Weindorf wurde gleich als „Fest der Superlative" angekündigt, das es „in dieser Größenordnung bisher im ganzen Bundesgebiet nicht gegeben hat". Organisiert hatte es Erich Brodbeck, der eigentlich als Pressechef des ADAC arbeitete. Der Stuttgarter Verkehrsverein unterstützte ihn. Mangels Geld gab es 1977 dann zwar keine Wiederholung, aber seit 1978 steht der Termin fest und vermutlich für alle Ewigkeiten im städtischen Veranstaltungskalender.

Seither finden sich die Lauben auf dem Markt und dem Schillerplatz. Bereits 1981 meldete der Verkehrsverein: „Die Millionengrenze ist erreicht." Bis heute ist das Weindorf die größte Hocketse Stuttgarts. In den zwölf Tagen werden in den 120 Lauben 400 000 Liter Wein ausgeschenkt. Dazu passt das Logo des Veranstalters Pro Stuttgart: „Seit 1885 zum Wohle der Stadt Stuttgart". Sie nennen ihr Fest, das mittlerweile stets Ende August, Anfang September stattfindet, „Deutschland schönstes Weindorf".

Wein für die Waterkant

Das Stuttgarter Weindorf ist zu einem Exportschlager geworden, was die Ausdehnung des Württemberger Weinbaugebiets bis an die Waterkant zur Folge hatte. Seit 1985 werden auch bei den Nordlichtern jeden Juli Maultaschen, Spätzle und hiesige Weine kredenzt. Und seit 1995 wächst in Hamburg auch Württemberger Wein, an Deutschlands angeblich nördlichstem Weinberg. 100 Rebstöcke stehen am Stintfang, einem Elbe-Südhang. Die Weindorfwirte haben zum zehnten Jubiläum der Veranstaltung den Weinberg oberhalb der Landungsbrücken angelegt. Weiße Phönix- und rote Regenttrauben wachsen dort, Sorten also, die auch kühleren Temperaturen standhalten. Daraus keltert der Uhlbacher Weindorfwirt Fritz Currle eine Cuvée. Jährlich 50 Flaschen sind die Ausbeute; die Hamburger Bürgerschaft verschenkt die Rarität an verdiente Bürger. Zu kaufen gibt es den Wein nicht, obwohl ein hanseatischer Geschäftsmann schon 500 Euro dafür geboten haben soll – pro Flasche. Immerhin bestätigte die Chefsommelière des Gourmetrestaurants Louis C. Jacob, Dagmar Willich, im Jahr 2008: „Ich hätte nicht gedacht, dass so etwas Tolles in Hamburg wachsen würde – das ist ein wirklich gelungener Wein." Fritz Currle wird im Herbst immer eingeflogen. Die Lese in der Hansestadt ist ein mediales Ereignis. Derart viel Presse habe er in Stuttgart noch bei keinem Ereignis erlebt, das mit Wein zu tun hat, erzählt er gerne.

Die wichtigste Jahreszeit

SEIT 1948 WIRD DER HERBST IN FELLBACH GROSS GEFEIERT.
BEI DEM ERTNEDANKFEST GEHT ES VOR ALLEM UM WEIN

Am Fellbacher Herbst kann man wunderbar den Wandel des württembergischen Weingenusses feststellen: Früher war Masse klasse, heute wird nicht mehr aus dem Henkelglas konsumiert, sondern stilvoll. Immer am zweiten Oktober-Wochenende kommen bis zu 200 000 Besucher nach Fellbach zur mitunter recht kühlen Stehparty zwischen Schwabenlandhalle, Entenbrünnele und Rathaus. Weinprobierstände der Genossenschaft und der renommierten Weingüter Aldinger und Heid sowie Besenwirte wie die Rienths schenken dabei aus. Es gibt einen Umzug und ein Feuerwerk, und hartgesottene Weintrinker können auch am Montag noch weiterfeiern. Schon Theodor Heuss, der 1960 den Fellbacher Herbst besuchte, beeindruckte das 1948 gegründete Fest sehr – weil es eine neue Tradition der Weinbaugemeinde schaffe und „nicht auf Klimbim und Sauferei eingestellt ist", erklärte er.

Alle auf einen Streich

STUTTGARTS BESTE, DAS BESTE AUS DEM REMSTAL
UND EIN GIPFELTREFFEN IN HEILBRONN

Nomen est omen: Dieser Spruch gilt für drei regionale Weinmessen, bei denen die Württemberger Wengerter im Mittelpunkt stehen. „Stuttgarts beste Weine" ist ein Termin an einem Sonntag Ende November, den eigentlich kein Liebhaber der hiesigen Tropfen verpassen sollte. Denn tatsächlich schenken die Weinmacher dabei mitunter das Edelste aus, was ihre Keller zu bieten haben, darunter Große Gewächse der VDP-Mitglieder und prämierte Rotweine. Mehr als 100 Weine können bei der Veranstaltung verkostet werden – gegen Eintritt. Früher waren nur Stuttgarter Betriebe zugelassen, doch mittlerweile sind auch Weinerzeuger aus dem Remstal und Esslingen im Haus der Wirtschaft vertreten. Entsprechend eng geht es am Wochenende in dem Verkostungssaal zu. Anfang Februar steigt ein ähnliches Vergnügen in der Alten Kelter von Fellbach. Beim Weintreff sind mehr als 50 Weingüter und Genossenschaften aus dem Remstal und aus Stuttgart zugegen. Sie haben mehr als 300 Weine im Ausschank. „Eine einmalige Möglichkeit, einen breiten Überblick über die hier angebauten Weinqualitäten zu gewinnen", finden die Veranstalter. Als Rahmenprogramm gibt es kommentierte Weinproben mit einem Profi-Verkoster.

Vor allem die Genossenschaften, aber auch Selbstvermarkter und Kellereien stellen sich beim Weingipfel in Heilbronn vor. Fast 40 Erzeuger aus den Regionen Hohenlohe, Heilbronner Land, Neckartal bis Metzingen und Bodensee präsentieren ihre Tropfen im Konzert- und Kongresszentrum Harmonie – wobei bei der Veranstaltung des Weinbauverbands Württemberg der Schwerpunkt auf dem Unterland liegt.

Feste feiern

Zu behaupten, in Württemberg könne man sich jedes Wochenende auf einem Weinfest vergnügen, ist vermutlich nicht übertrieben. Gut, der Januar ist ein ruhiger Monat, dafür geht es im Sommer rund auf zahlreichen Open-Air-Weinproben, und im Herbst überschlagen sich die Verkostungen. Einen Überblick über die vielen Termine liefert württem-bergweit die Internetseite www.kenner-trinken-wuerttemberger.de. Auch unter www.stuttgart-tourist.de/wein gibt es viel Information zum Thema. Auf ihre Region beschränkt sind die Termin-sammlungen von www.remstal-route.de. Ein weinseliger Veranstaltungskalender findet sich außerdem auf www.heilbronnerland.de.

Der Schorndorfer Weinmarkt lockt zahlreiche Besucher an

(W)Einkaufen

Für den Weineinkauf ist die beste Adresse das Weingut. Die Wengerter reden gern über ihre Erzeugnisse, und in den meisten Fällen kann man sie auch noch umsonst probieren. Sie verkaufen sowieso am liebsten direkt ab Hof; das erhöht schließlich die Gewinnspanne. Manchmal fehlt den Kunden allerdings die Zeit für eine Einkaufstour durch die Provinz, dann ist der Fachhandel die richtige Adresse. Da gibt es kompetente Beratung und die bessere Auswahl. Im Supermarkt kann es schon passieren, dass die Flaschen von jemandem ins Regal gestellt werden, der nur schwer den Unterschied zwischen Weißwein und Rotwein erklären kann. Aber es gibt Ausnahmen: Supermärkte mit besonderem Anspruch, wobei deren Weinabteilungen genau genommen unter der Kategorie Fachhandel einzuordnen sind.

Handelnder Vordenker im Süden

Über Bernd Kreis habe ich ja schon eine Menge erzählt, der frühere Spitzensommelier macht selbst Wein, hat Bücher geschrieben, für Aufruhr gesorgt. Seine eigentliche Profession ist inzwischen der Handel. Mit einem kleinen Laden in einer ehemaligen Metzgerei im Stuttgarter Stadtteil Sonnenberg machte er 1996 den Anfang, und schon damals kämpfte der Experte eifrig gegen die Normierung des Weingeschmacks. Fünf Jahre zuvor hatte er die erste Weinkarte für das künftige Restaurant Wielandshöhe zusammengestellt, und aus dieser Zeit stammen seine ersten Handelskontakte. Statt die immer gleichen Namen auf die Karte zu setzen, sollte es beim Sternekoch Vincent Klink eine Weinauswahl mit hierzulande unbekannten Gewächsen sein. Mit Weingütern im Burgund ging es los, Südwestfranzosen folgten. Weil die Gäste der Wielandshöhe die Tropfen aus dem Restaurant auch in ihrem eigenen Weinkeller haben wollten, wurde aus dem Sommelier langsam ein Weinhändler. Bis 2001 arbeitete er bei Vincent Klink. Zwei Jahre später war er so mutig, mitten in der Innenstadt eine weitere Weinhandlung zu eröffnen. Weil das Geschäft in der Münzstraße gegenüber der Markthalle zwar fein, aber eben zugleich recht klein ist, folgte 2007 der nächste Umzug: Das Hauptgeschäft wurde von Sonnenberg in die Böheimstraße im Stuttgarter Süden verlegt. In einer alten Fabrik ist dort der schönste Weinladen der Stadt entstanden – mit dem außergewöhnlichsten Angebot. Zwei Faktoren sind für Bernd Kreis von herausragender Bedeutung: Preiswürdigkeit und ökologische Erzeugung. Er kennt die Winzer, deren Weine er vertreibt. Und er interessiert sich nicht für die Bewertungen von Weinkritikern wie Robert Parker. „Wir können die Industrialisierung der Weinwelt und die Verödung des Geschmacks nicht aufhalten, wollen aber mit unserem Weinangebot ein Podium für Winzer schaffen, die tatsächlich noch handwerklich arbeiten, die Natur respektieren und charaktervolle, individuelle Weine erzeugen", schreibt er auf seiner Homepage.

Weinhandlung Kreis
Böheimstraße 43
70199 Stuttgart
Telefon 0711 – 76 28 39
www.wein-kreis.de

Weinhandlung Stetter: traditionsreiche Adresse im Bohnenviertel

Lange Geschichte im Bohnenviertel

Als sich Roman Stetter und seine Frau Gertrud Ende 2008 in den Ruhestand zurückzogen, brachen manche Kunden fast in Panik aus. Aber die Geschichte des Weinhauses mit Wirtschaft im Stuttgarter Bohnenviertel sollte weitergehen – mit Andreas Scherle. Seit mehr als 100 Jahren wird in der Rosenstraße 32 Wein ausgeschenkt. 1902 kam Ernst Stetter, katholischer Bauernsohn aus Unterboihingen, nach Stuttgart, kaufte das Haus und machte sich als Küfer selbstständig. Neben der Fertigung und der Reparatur von Fässern betrieb er im Herbst eine Mostpresse. Vom Erlös kaufte er Traubenmost, machte Wein daraus und belieferte damit die Gastronomen in der Stadt. 1932 übernahm den Betrieb der Sohn, wieder ein Ernst, der angeblich nur deshalb wie sein Vater hieß, damit

das Firmenschild nicht ausgetauscht werden musste. Weil mit dem Beruf des Küfermeisters kein Geld mehr zu verdienen war, wurde 1952 die Weinstube Stetter eröffnet und die nächste Generation trat an. Bereits 1959 stieg dann der erst 19-jährige Sohn Roman ein, weil es sein Bruder Ernst nicht machen wollte. Seither fehlt zwar der Name Ernst im Firmenschild, Roman Stetter machte die Weinstube aber zum In-Lokal im Bohnenviertel.

Mit Andreas Scherle hat ebenfalls ein Weinkenner das Geschäft übernommen: Er ist der Junior vom Hotel Wörtz an der Weinsteige, der außerdem von Sommelier Toni Bohms unterstützt wird. Seinen Namen hat das Weinhaus behalten, an der Einrichtung ist fast nichts verändert worden, nur die Küche wurde renoviert. Die Kombination aus Laden und Lokal ist eine hervorragende Sache, denn man kann in aller Ruhe Viertele um Viertele probieren und dazu vespern. Mitten in der Stadt gibt es eine solche Auswahl sonst nirgends. Auf der Karte stehen 40 offene Weine, darunter viele Württemberger, und rund 600 Flaschenweine. Zahlreiche Tropfen gehen zum Weingutspreis über die Ladentheke, und wer 24 Flaschen oder mehr einkauft, bekommt sie in Stuttgart kostenlos in den Keller geliefert.

Weinhaus Stetter
Rosenstraße 32
70182 Stuttgart
Telefon 0711 – 24 01 63
www.weinhaus-stetter.de

Bei Bronner hat die Werbung ein Gesicht

Von seinem Beruf im Lebensmittelhandel als Chef einer Marktfiliale hatte er offenbar genug: Ungefähr 1978 soll Hartwig Bronner geschworen haben, künftig nur noch mit Waren zu handeln, die nicht so schnell verderben. Kurz darauf eröffnete er an seinem Wohnort Ludwigsburg eine Weinhandlung. Dafür hatte er ein Händchen, denn Hartwig Bronner stieg zum umsatzstärksten Weinhändler in Baden-Württemberg auf. 1990 eröffnete er eine Filiale in Metzingen (die es nicht mehr gibt), acht Jahre später kam Stuttgart dazu. „Man wird hier nicht gerade auf uns warten", sagte er damals über die Neueröffnung, „aber wir wollen dicke Bretter bohren."

Bei der Werbung für seinen Weinfachhandel kannte Hartwig Bronner kein Pardon. Anfang der 1990er Jahre geriet er deshalb mit einem Champagnerhersteller aneinander. In Zeitungsanzeigen habe er damals angesichts der Champagner-Umsatzeinbußen von 34 Prozent gehöhnt, die Produzenten des prickelnden Edelgetränks hätten sich „zu lange auf ihren bequemen, hochpreisigen Hintern gesetzt", berichtete sogar das Magazin Der Spiegel. Die deutsche Tochter des Luxuskonzerns, der den Moët-Champagner im Portfolio hat, klagte auf Unterlassung und veranschlagte den Streitwert auf 50 000 Euro. „Die Moët-Anwälte gehen davon aus, dass in Reutlingen, wo Bronner eine Filiale betreibt, vermeintlich die meisten Millionäre Deutschlands ihre Villen haben – und nun keinen Champagner mehr trinken", stand in dem Artikel. Seit 1997 arbeitet Bronners Tochter Nicole, die den Stuttgarter Anwalt Winfried Porsch geheiratet hat, im Geschäft. Nach einem unvollendeten Jurastudium entdeckte sie bei einem Praktikum bei Les Vignerons du Val d'Orbieu in Südfrankreich die Freude am Wein, hängte ein paar Semester Betriebswirtschaftslehre in Paris mit Schwerpunkt Wein dran, sammelte beim Handelsunternehmen Metro in Hamburg Berufserfahrung und kehrte in die Heimat zurück. Im Jahr 2000 wurde sie geschäftsführende Gesellschafterin. Statt mit frechen Sprüchen wirbt die blonde, schlanke Frau in ihren Anzeigen mit ihrem Gesicht und ihrem Namen. Mehr als die Hälfte der verkauften Flaschen bei Bronner sind Württemberger und davon wiederum die Hälfte Literflaschen von den Genossenschaften. Die Weinhandlung hat viel zu bieten: Weine aus mehr als 70 Anbauregionen in 13 verschiedenen Ländern, Tropfen von 180 Winzern, insgesamt rund 2000 verschiedene Produkte.

Weinhandlung Bronner
Osterholzallee 7
71636 Ludwigsburg
Telefon 0 71 41 – 92 75 91
www.bronner.de

Der weinverrückte Supermarkt-Chef

Mal steht dem Einkaufswagen eine Palette mit Dosen im Weg, mal eine Kiste mit Kaffeebohnen. Der Rewe-Supermarkt an der Stuttgarter Straße in Fellbach leidet unter einem Platzproblem. Der Marktleiter quillt eben vor Ideen über. In der Weinabteilung zeigt sich seine Begeisterung sofort – an den selbst geschriebenen Plakaten, auf denen mit Ausrufezeichen nicht gespart wird: Tipp vom Chef!!! „Wir nehmen nur ins Sortiment auf, was wir selbst probiert haben", sagt Fritz Aupperle, der den Rewe vor 30 Jahren übernommen hat und mittlerweile vier Filialen betreibt. Er macht Blindverkostungen in der gleichen Preisklasse, um die beste Auswahl zu treffen. Einzigartig ist die Weinabteilung aber durch ihren regionalen

Anspruch. Wer richtig gut ist im Remstal, der steht beim Aupperle im Regal. Wenn zum Beispiel beim Besten des Anbaugebiets, Gert Aldinger, der Sauvignon blanc ausverkauft ist, schickt der Winzer seine Kundschaft in den Supermarkt. „Der Aupperle hat vielleicht noch was." Er ist praktisch mit den Wengertern groß geworden, mit der, wie er sagt, „phänomenalen Entwicklung" der Weinqualität ist auch seine Abteilung gewachsen. 80 Prozent des Umsatzes macht er mit Württembergern, daneben konzentriert er sich auf Spanien und Portugal. Es gibt Produzenten, die attestieren dem Händler liebevoll „einen Knall", aber Fritz Aupperle schafft es mit seiner Hartnäckigkeit, die seltenen Tropfen in seinen La-

Fritz Aupperle und Martina Feth: Kaufmann und Winzerin bestücken Supermarktregale

den zu bekommen. Schnaitmann, Haidle, Heid, Ellwanger, Schwegler: Alle sind vertreten, zum Teil die besten Flaschen für weit mehr als 20 Euro. Darauf ist der Lebensmittelhändler stolz, aber er betont, dass ihm ein gesundes Preis-Genuss-Verhältnis wichtig ist. Denn im Durchschnitt gibt der Deutsche für eine Flasche Wein knapp zwei Euro aus, in Fellbach beim Rewe dagegen im Schnitt fünf Euro. „Das ist phänomenal hoch", sagt Fritz Aupperle. Selbst junge Leute würden dafür etwas tiefer in die Tasche greifen. „Die kaufen Spaghetti Miracoli und andere Fertiggerichte – und dazu zwei Flaschen guten Wein."

Um die Qualität der Weinabteilung zu halten, hat Fritz Aupperle mit Martina Feth eine Winzerin eingestellt, die ein ansehnliches Verkostungsprogramm organisiert. Beim Branchenwettbewerb wurde sein Laden schon mehrmals zur besten Weinabteilung Deutschlands erklärt. Klar begeistert sich der Marktleiter für Wein. Aber ein Hobby sei das Ganze nicht, versichert er: „Wir sind nicht so verrückt und stellen hundert Kisten Bordeaux in den Laden. Wir machen alles rein nach kaufmännischen Gesichtspunkten."

Rewe Aupperle
Stuttgarter Straße 32
70736 Fellbach
Telefon 0711 – 58 98 44
www.rewe.de

Château Petrus auf der Königstraße

Auf der Stuttgarter Königstraße ist Wein ein eher seltenes Gut. Aber an einer Ecke, wo man es nicht auf den ersten Blick vermuten würde, gibt es eine hervorragende Auswahl: Der Treffpunkt Frische im Karstadt an der Ecke zwischen Königstraße und Schulstraße leistet sich zwei Fachmänner, die die Weinabteilung wie ein Fachgeschäft führen. Der Marktleiter Christian Karow ist ein Weinliebhaber, aber vor allem natürlich ein Kaufmann. In seinem Supermarkt eröffnet sich den Kunden kurz vor der Kasse eine neue Welt. Zwei freundliche Mitarbeiter stehen dort in schickem Dress, laden zu Verkostungen ein und haben auf jede Frage rund um Wein eine Antwort. Jürgen Seitz ist der Chef; seine Ansprüche sind hoch. Kein Wein wird ins Programm genommen, ohne ihn überzeugt zu haben. „Wir sind alle Etikettentrinker: Der Name des Weins lässt sich aber nur ausblenden, wenn man ihn blind verkostet", sagt er zum Beispiel. 800 verschiedene Weine stehen in den Regalen. Das Angebot ist sehr international, die deutsche Abteilung dennoch gut. Bei der Auswahl macht der Edeka-Mutterkonzern keine Vorschriften. 25 Lieferanten sorgen für Nachschub, das Sortiment ist individuell und nicht mit dem eines normalen Supermarkts zu vergleichen. Jürgen Seitz hat eine Winzerlehre absolviert und den Weinfachberater. Er bildet sich konstant fort. „Ich war schon immer ein Weinfreak", sagt er. Dementsprechend befüllt er seine Regale: Er stelle sich vor, was er sich als Kunde wünschen würde. „Und ich denke immer, es geht noch mehr", sagt er. In dem Edeka mitten in der Stadt gibt es sogar äußerst edle Tropfen. In einem abschließbaren Schrank lagerte mal eine Flasche Château Petrus Jahrgang 1999 – für 1280 Euro. Ein Ladenhüter? Mitnichten! Er ist längst verkauft, kurz vor Weihnachten nahm ein Kunde die Bouteille mit.

Treffpunkt Frische im Karstadt
Königstraße 27–29
70173 Stuttgart
Telefon 0711 – 22 00 76 81
www.edeka.de

Feinkost im Weinland

Zwischen den vielen Weingütern im Remstal gibt es praktischerweise auch eine zentrale Anlaufstelle: Für die gute Gesellschaft gehört diese Adresse zum guten Ton, denn in Sachen Lebensmittel ist im Speckgürtel die beste Qualität eben „beim Mack in Endersbach" zu haben, wie man in guter Gesellschaft so sagt. Das ist ein Supermarkt. Oder ein Feinkostgeschäft. Letztlich ist es Ansichtssache, in welche Kategorie der Remstal-Markt Mack eingeordnet wird.

Seit 1908 besteht der Laden, seinen guten Ruf begründeten Erich und Maria Mack, die aus einer Backstube mit angegliedertem Kolonialwarengeschäft von 1950 an einen Feinkostladen machten. Die Söhne Rolf und Bernd haben den Betrieb 1987 übernommen, Rolf ist zuständig für die Bäckerei, Bernd für den Gourmettempel. Ausgezeichnet wurde Mack schon öfter, zuletzt für seine Käseabteilung. Fleisch, Brot, Gemüse: Hier ist alles ein bisschen exquisiter. Natürlich gilt das auch für die Weinabteilung, immerhin 500 verschiedene Tropfen stehen in den Regalen. Wer also im Remstal unterwegs ist, aber keine Zeit mehr hat, die vielen Weingüter zu besuchen, findet ihre Produkte beim Mack im Regal versammelt. Zum Wein kann man sich gleich das passende Essen kaufen.

Remstal-Markt Mack
Strümpfelbacher Straße 11
71384 Weinstadt
Telefon 0 71 51 – 2 07 00 – 0
www.mack-remstalmarkt.de

Noch mehr gute Adressen

Der Promi-Weinhändler: Bei Nicolay und Schartner kaufen die Schönen und Reichen ein. Der Doppelname trügt, hinter dem Laden steht Karl Schartner, der Österreicher mit dem besonderen Gespür für Trends und Geschmack. www.nicolay-schartner.de

West-Wein: Im Weinhaus Kühnel bringt ein Sachse den Schwaben den Wein ihrer Heimat näher. Kompetenter und freundlicher Fachhändler. www.weinhaus-kuehnel.de

Wein im Bahnhof: Am Bahnhof in Bad Cannstatt erwartet man eher ein dem billigeren Alkohol zugewandtes Publikum. Um die Ecke am Kiosk überrascht ein Weinhändler mit einem ausgewählten Sortiment. www.vinovero.de

Wein aus Randlagen: Bei der Weinhandlung Korkenzieher sind die Macher immer auf der Suche nach besonderen Weinen aus unbekannten Gebieten. Bekanntes gibt's aber auch. www.korkenzieher.com

Fülle am Stadtrand: Die Weinhandlung Schmid in Botnang hat mit das größte Angebot aller Weinhändler in der Region. Zwar keine vernünftige Homepage, aber Ahnung vom Wein. www.weinhandlung-schmid-stuttgart.de

Nicht nur Kraut von den Fildern! Das Weinhaus Mauz gehört ebenfalls zu den Händlern mit einem gewaltigen Angebot. Über 1500 Weine stehen hier zur Auswahl. www.weinhaus-mauz.de

Der Name ist Programm: Bei Axel Buess in Ostfildern-Ruit werden vor allem exquisite Weine verkauft. Der Sommelier hat sich auf Bordeaux spezialisiert und bietet Verkostungs-Pakete der ganz besonderen Art an. www.exquisiteweine.de

Wein im Brillenladen: Wer in Stuttgarts Innenstadt unterwegs ist und verzweifelt nach den Weinen des Weinguts der Stadt Stuttgart sucht, wird bei einem Optiker fündig – im Brillengeschäft Oster neben der Markthalle. www.optikoster.de

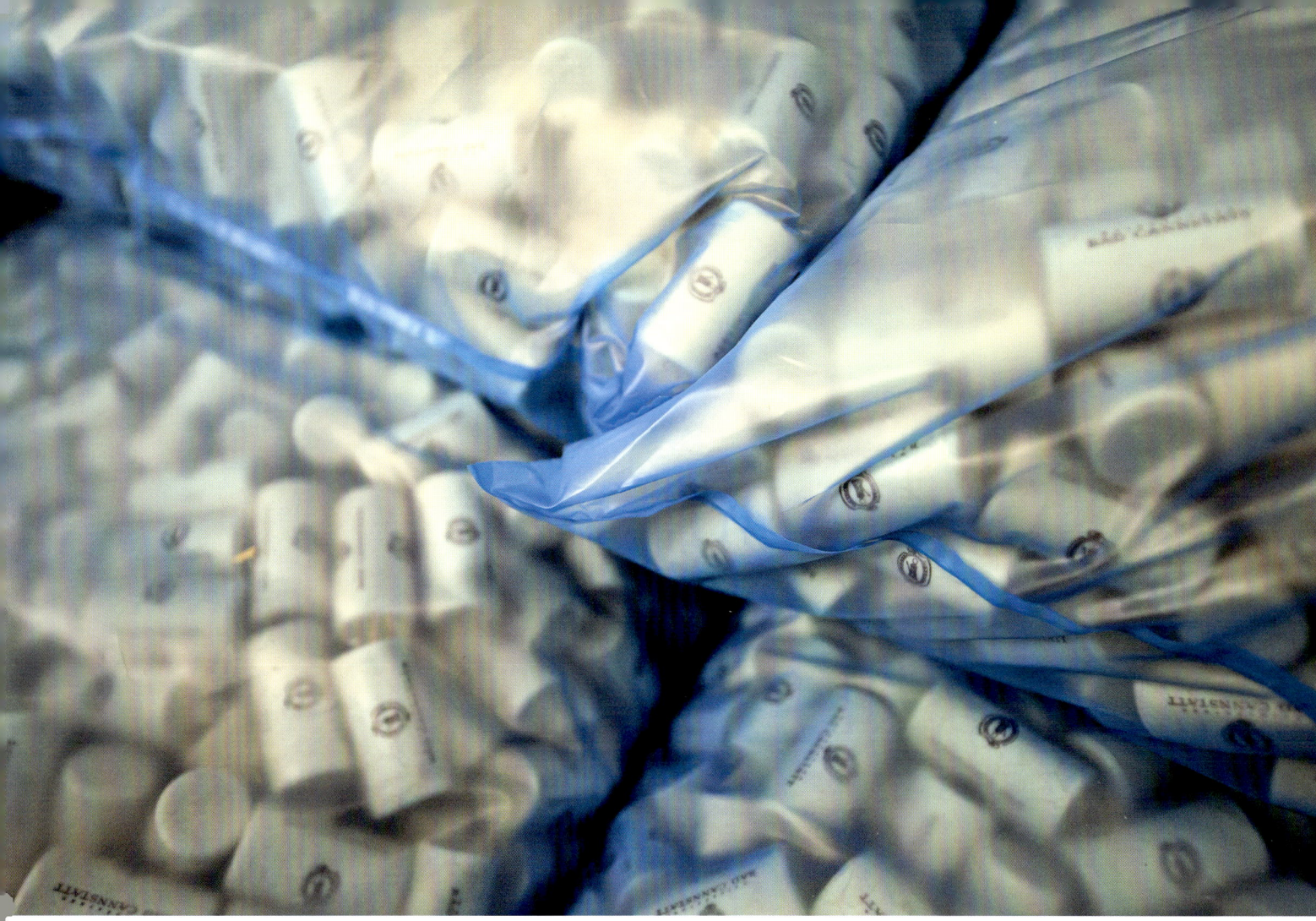

Der Riese auf den Fildern

Eine etwas andere Strategie fährt ein Edeka auf den Fildern und an den Standorten Göppingen, Geislingen, Salach, Süßen und Eislingen. Manfred Gebauer hat 1966 in Göppingen begonnen, dieses regionale Supermarkt-Imperium aufzubauen. Sein Edeka-Markt fällt in vielerlei Hinsicht aus dem Rahmen. Erstens sind die Läden in ihrer Dimension herausragend. Ich habe die Filiale Bonlanden besucht und erstmals derart viele unterschiedliche Tomatensorten in einem Supermarkt gesehen.

Schön ist, dass in diesem Laden an jeder Ecke auf regional erzeugte Produkte hingewiesen wird. Als ob der Geschäftsführer jeden Bauer persönlich kennt. Sauerkraut kam ganz groß heraus, als ich die Filiale besuchte. Zudem sprengt dieser Edeka auch in Sachen Weinangebot alle Rekorde: Über 1500 verschiedene Tropfen werden angeboten, neben der Masse die absolute Klasse. Das Regal mit Sekt, Prosecco und Champagner ist 50 Meter lang. „Vom schwäbischen Trollinger bis zum italienischen Barolo und Grand Cru Weinen aus dem Raum Bordeaux sind alle großen Namen in jeder Preislage vertreten", verspricht Manfred Gebauer. Die Menge und die Auswahl allein machen jedoch nicht den Unterschied aus, sondern die fachkundige Beratung. Die Weinabteilungen der Gebauer-Filialen Bonlanden und Geislingen sind deshalb schon als beste in Supermärkten ausgezeichnet worden.

Gebauers E-Frische Center
Raiffeisenstraße 22
70794 Bonlanden
Telefon 0711 – 7 94 75 90
www.gebauers-frische.de

DER WÜRTTEMBERGER SPRENGT DIE GRENZEN

Manchen Wengertern ist die Heimat offenbar zu eng. Sie suchen ihr Glück, ein anderes Terroir oder den Klimawandel jenseits von Württemberg – in Frankreich, Spanien oder Neuseeland. Dafür braucht es nicht nur Mut, sondern auch schwäbische Tugenden wie Fleiß.

Ein deutscher Graf beherrscht das Bordeaux

STEPHAN VON NEIPPERG AUS SCHWAIGERN BESITZT
FÜNF WEINGÜTER IN FRANKREICH

Nicht Prestige und Plaisir haben Joseph-Hubert Graf von Neipperg nach Saint-Émilion gelockt. Es soll eine sehr schwäbische Entscheidung gewesen sein, als er 1971 gleich vier heruntergewirtschaftete Chateaux im Bordelais kaufte: Der Adlige, Jahrgang 1918, soll zuvor die Preise für die französischen Weine mit denen für seine Württemberger Tropfen verglichen haben. Und tatsächlich hat er mit der Investition ein Schnäppchen gemacht. Angeblich bezahlte er weniger als umgerechnet zwei Millionen Euro für die insgesamt 50 Hektar. Das in dieser Kollektion größte Weingut Canon La Gaffelière zählt heute zur Spitze in der Region. Im französischen Gault Millau ist es mit 3,5 von 4 möglichen Trauben bedacht; die Kritiker schwärmen von den „eleganten Weinen". Und der Blick auf die Preise wird den Neippergs vermutlich noch immer große Freude bereiten, denn eine Flasche vom 2010er Jahrgang Canon La Gaffelière kostet mehr als 80 Euro. Die Großen Gewächse ihres württembergischen Weinguts liegen bei 30 Euro; nur mit ihrem Merlot für fast 60 Euro erreichen die Schwaigerner französisches Niveau.

Der Erfolg ist Stephan Graf von Neipperg zu verdanken, dem fünften der acht Kinder von Joseph-Hubert. Er bezog 1982 gleich nach der Heirat mit seiner Frau Sigweis das Schloss von Canon La Gaffelière. Der damals 25-Jährige hatte gerade sein Studium in Paris beendet – Politikwissenschaft und Betriebswirtschaftslehre – und sich gefragt, wo er „am ehesten mit bester Aussicht auf Erfolg frei schalten und walten könnte", sagt er in einem Interview mit dem Manager Magazin. Sein Vater hatte ihm die Leitung des Weinguts angeboten, der Erstgeborene Karl-Eugen ist der Erbgraf von Schwaigern. „Eine ideale Wirkungsstätte für einen jungen Mann voller Tatendurst" sei Canon La Gaffelière gewesen. Er habe das Potenzial des darniederliegenden Gutes erkannt. Die Weinbaukenntnisse holte er auf der Fachschule von Montpellier nach, und als Kellermeister engagierte er den Autodidakten Stéphane Derenoncourt, der zum führenden Weinberater der Region werden sollte.

Zusammen haben der Graf und der Weinmacher einen Kultwein geschaffen, denn in dem Chateaux-Paket steckte auch das nur 4,5 Hektar umfassende Gut La Mondotte. Beginnend mit dem Jahrgang 1996 kreierten sie dort eine Cuvée aus Merlot und Cabernet Franc. Vom Jahrgang 2010 wird die Flasche für rund 300 Euro gehandelt. Stephan von Neipperg hat offensichtlich ein großes Talent, Potenziale zu entdecken und auszubauen. Im Bordelais besitzen die Comtes von Neipperg, wie sie sich auf Französisch nennen, mittlerweile acht Weingüter. Sie haben alle Nischen besetzt: Marsalette und d'Aiguilhe liegen in weniger prominenten Gebieten des Bordeaux und liefern gute und günstigere Weine. Château Peyreau und Clos de l'Oratoire wiederum sind exquisiter, aber nicht so exquisit wie Canon La Gaffalière. Außerdem sind sie Teilhaber an dem hochbewerteten Château Guiraud in Sauternes und am bulgarischen Weingut Bessa Valley, wo günstig Wein produziert wird. Angeblich liegt der Wert des ausländischen Imperiums der Neippergs mittlerweile bei einem dreistelligen Millionenbetrag. Der Einsatz von Joseph-Hubertus Graf Neipperg hat sich ausgezahlt.

Vignobles Comtes von Neipperg
F – 33330 Saint-Émilion
www.neipperg.com

Liebe auf den ersten Blick in Fitou

NIKOLAUS UND CAROLIN BANTLIN HABEN SICH ALS QUEREINSTEIGER EINEN TRAUM ERFÜLLT

Un coup de foudre! So nennen die Franzosen solche lebensentscheidenden Momente: Wie vom Blitz getroffen, Liebe auf den ersten Blick. Nikolaus und Carolin Bantlin erlebten einen solchen Moment im Herbst 1998 in Südfrankreich. Da waren sie schon ein paar Jahre auf der Suche nach einem Haus, ursprünglich nur für die Ferien gedacht. Das Ehepaar führte in Reutlingen einen Betrieb für die Fertigung von Flach- und Rundriemen und anderen technischen Lederartikeln in vierter Generation. Eine Bergerie, also ein Schafstall, mit Weinbergen wurde ihnen damals angeboten. „Anschauen kostet nichts", dachten die Bantlins und ließen sich über holprige Schotterpisten durch die Strauchheide kutschieren, bis sie plötzlich oberhalb eines kleinen, in sich abgeschlossenen Tals ankamen, das mit Reben bestockt war. „Dieser Ort war so schön, ruhig und bezaubernd, dass ich fühlte: Ja, das ist es!", schreibt Carolin Bantlin über diesen „coup de foudre".

Von Weinbergspflege und vom Weinmachen hatten die Architektin, Jahrgang 1967, und der Betriebsleiter, Jahrgang 1964, keine Ahnung – sie kauften einfach ihr Paradies. Im Jahr darauf erwarben die Bantlins noch ein Haus im 900-Einwohner-Dorf Fitou, weil der Schafstall für die beiden kleinen Söhne zu abgelegen war. Alle Urlaube steckten sie in die Renovierung ihrer neuen Adresse, zu Hause lasen sie Bücher über Weinbau. Im Januar 2001 wanderten die Bantlins schließlich nach Südfrankreich aus. „Einen Kopfsprung in ein Becken voller Ideen und Romantik" nennt Carolin Bantlin den Schritt im Rückblick. Das Geld wurde zeitweise richtig knapp, und nicht nur die erste Saison in den Weinbergen war hart. Abgesehen davon, dass sich der Wein in Fitou nicht von

selbst verkauft. Ein französischer Weinautor hat über die Reutlinger bewundernd geschrieben, sie würden angetrieben „von einer Strenge, die ihnen sicher durch ihren germanischen Ursprung gegeben ist".

Bio-dynamisch bewirtschaften Carolin und Nikolaus Bantlin ihre neun Hektar. Die Trauben lieferten sie zunächst bei der Genossenschaft ab. Im Januar 2003 ging Carolin Bantlin auf die Landwirtschaftsschule in Rivesaltes, um innerhalb von sechs Monaten das Brevet Professionel d'Agriculture zu erwerben. Ein Praktikum bei Olivier Pithon, dem Shootingstar der Region, brachte die Wende. Er schaute sich die Weinberge des deutschen Paars an und erklärte sie für verrückt, dass sie ihre Trauben bei der Kooperative ab-

Carolin und Nikolaus Bantlin: Quereinsteiger aus Reutlingen

lieferten. Kurzerhand räumte er ihnen eine Ecke in seinem Keller frei, Platz für den ersten Jahrgang der Bantlins. Domaine Les Enfants Sauvages haben sie ihr Weingut genannt – nach einem Song der Doors und ihren wilden Buben. Ihre Tropfen kommen mittlerweile gut an, vor allem in Belgien, USA, Japan und England. Dem coup de foudre in einem abgeschiede-

nen Tal in Südfrankreich folgte also kein böses Erwachen, sondern eine Art von Happy End.

Domaine Les Enfants Sauvages
Nikolaus und Carolin Bantlin
F – 11510 Fitou
www.les-enfants-sauvages.com

Eine württembergische Weinkönigin hält Hof in der Provence

ILSE RIEDER-EBERBACH AUS LAUFFEN HAT EIN WEINGUT BEI SAINT-TROPEZ AUFGEBAUT

„C'est la vie", sagt Ilse Rieder-Eberbach, so ist halt das Leben. Soll heißen: Die einen bleiben in Lauffen, die anderen stranden an der Côte d'Azur. Geplant war es jedenfalls nicht, dass sie in der Provence ein Weingut aufbauen und sich dort niederlassen wird. Ihr Vater

Ilse Rieder (Mitte): ausgezeichnete Weingutsbesitzerin in der Provence

Friedrich Eberbach hat sich 1959 in Lauffen als Wengerter selbstständig gemacht, da war sie sieben Jahre alt. 1972 ist sie zur Württembergischen Weinkönigin gekürt worden. Ilse Rieder-Eberbach ging zum Studieren nach Geisenheim und traf dort, c'est la vie, ihren künftigen Mann Christophe Rieder, einen Schweizer. Außerdem hatte sie ein Faible für trockene Weine, und das war damals, in den halbtrockenen 1970er Jahren ein besonderer Geschmack in Württemberg.

Schon während des Studiums zog es Ilse Rieder-Eberbach mit ihrem Mann nach Frankreich: In Montpellier machten sie ihren Abschluss, und von dort war es kein großer Schritt mehr nach Saint-Tropez. Als Angestellte leiteten sie an der Mittelmeerküste zunächst ein Weingut mit 100 Hektar, um Berufserfahrung zu sammeln. 1980 war sie dann reif für die Selbstständigkeit: Bei einem Ausflug ins Hinterland entdeckten sie einen zum Verkauf stehenden Betrieb. Das Gebäude war heruntergekommen, doch die Weinberge in gutem Zustand. „Domaines des Planes" heißt das Weingut. Es liegt auf einer Ebene oberhalb der Bucht von Fréjus und Saint-Raphael, die Aussicht reicht bis auf das wenige Kilometer entfernte Mittelmeer. „Ici Bacchus a trouvé son paradis", steht auf der

Homepage der Rieders über ihr Stück Land, hier hat Bacchus sein Paradies gefunden. Der Besitz kann sich sehen lassen: 100 Hektar Land, 30 davon sind mit Reben bepflanzt. Die Winzerfamilie teilt es mit vielen Gästen: Drei Ferienvillen werden vermietet und ein Empfangssaal, der beliebt ist für romantische Hochzeiten in dem großen Park.

Ihre Weinberge pflegen die Rieders bio-dynamisch. Die Weine werden auf der Landwirtschaftsmesse in Paris immer wieder mit Medaillen ausgezeichnet. 60 Prozent verkaufen sie direkt vom Hof weg, was zu großen Teilen an dem attraktiven Standort liegt. Dass Ilse Rieder-Eberbach Beachtliches geschaffen hat, finden auch die Franzosen. Die Zeitung Nice-Matin zeichnete sie 2011 als Managerin des Jahres aus. Bei der Dankesrede hat sie ihre Mannschaft gelobt, und dazu zählen in erster Linie ihre beiden Söhne Stéphane und Olivier, Jahrgang 1979 und 1980. Außerdem führt sie ihren Erfolg auch auf ihre Wurzeln zurück. Man würde dem Weingut ansehen, dass es von Schwaben betrieben werde: Alles sei sauber, nichts stehe herum, das klassische Klischee eben. „Ich bin stolz auf meine deutsche Herkunft", sagt Ilse Rieder-Eberbach.

Domaine des Planes
SCEA les Planes / Famille Rieder
www.dom-planes.com

Ein Anwalt für den perfekten Rotwein

DER GEBÜRTIGE REUTLINGER HORST HUMMEL SETZT IN UNGARN SEINEN TRAUM IN DIE TAT UM

Deutschland war für Horst Hummel nie eine Option. „Meine Sehnsucht galt schon immer schweren Rotweinen", erklärte er einmal in einem Interview. Und schwere Rotweine lassen sich seiner Meinung nach nicht in Deutschland machen. Dabei brachte ihn ein recht schwäbischer Wein auf diesen Weg: Zwar kein TL, Trollinger mit Lemberger, sondern ein LT, Lemberger mit Trollinger, von den Brackenheimer Genossen beeindruckte ihn in den 1980er Jahren dermaßen, dass er zum Weinliebhaber wurde. Leichte Trollinger und Schwarzrieslinge kannte er bis dato nur. Der gebürtige Reutlinger, Jahrgang 1960, studierte damals Jura in Tübingen und kam durch den väterlichen Weinkeller eines Studienfreundes auf den Geschmack.

Dass Horst Hummel nicht nur in seiner Berliner Anwaltskanzlei und Weinkonsument geblieben ist, liegt außerdem an seinen Genen. Sein donauschwäbischer Urgroßvater Josef Müller hatte einst in der Vojvodina, 30 Kilometer östlich von Belgrad, Wein produziert. Sein Großvater war nach Reutlingen gezogen, Vater und Bruder leben dort noch. 1997 begab sich Horst Hummel in Serbien auf Spurensuche, und auf der Rückfahrt machte er Station in Ungarn. Als er fragte, wo der beste Rotwein des Landes produziert wird, wurde er nach Villány geschickt, einer Stadt an der Grenze zu Kroatien, die bis 1945 deutsch war und Wieland hieß. „Das Gebiet hat mich auf Anhieb überzeugt, weil es für körperreiche Rotweine absolut prädestiniert ist", sagt Horst Hummel. Knapp 450 Meter hoch ist der dortige Bergzug, an dessen Südseite die Weinberge liegen. Es sind die wärmsten Lagen Ungarns, auf dem gleichen Breitengrad wie Bordeaux. 1998 legte Horst Hummel einfach los – als Autodidakt und Nebenerwerbswengerter mit 7,5 Hektar. Mindestens ein Drittel des Jahres verbringt er in seinen Wein-

Horst Hummel: Anwalt und Winzer auf Abwegen

Cabernet Sauvignon, Cabernet Franc und Merlot baut er an. Die autochthone Weißweinsorte Hárslevelü, die auf Deutsch unter dem Namen Lindenblättriger eher geläufig ist, sowie Gewürztraminer hat er noch im Programm. „Ein guter Wein macht sich selbst", ist sein Credo im Keller. Er benutzt keine Reinzuchthefen und keine neuen Barriques, lässt spontan in offenen Tanks vergären, baut in alten Holzfässern aus. Manche vergleichen seine Weine mit Burgundern, manche mit Bordeaux. Sie sind fruchtig und würzig, herb und sanft, durchaus ein Kunststück. Seinem Urgroßvater hat er seinen Spitzenwein gewidmet, die Cuvée J. M.

bergen und im Keller. „Wer auf Qualität setzt, kann nur mit der Natur erfolgreich sein", findet er und bewirtschaftet seine Flächen deshalb bio-dynamisch. Kékfrankos, der ungarische Lemberger, Portugieser,

Weingut Hummel
Hummel Pincészet
H – 7773 Villány
www.weingut-hummel.com

Pionierleistung in Spaniens Süden

FRIEDRICH SCHATZ IST VON KORB NACH RONDA GEZOGEN

Wenn die Tage kurz und kalt und nass werden, ist es am besten, sich an schönere Zeiten zu erinnern. Ich klebe dann immer Bilder aus dem Sommerurlaub ins Fotoalbum ein – und trinke dazu einen Wein aus einem südlichen Land. So wird es mir wenigstens richtig warm ums Herz. Nun heißt unsere Devise hier allerdings: Kenner trinken Württemberger, aber Württemberger sind ja weltläufig. In einem Supermarkt in Fellbach habe ich die Lösung entdeckt: Dort steht ein spanischer Tropfen im Regal, der von einem Württemberger produziert wird, die Lösung für diese Sehnsucht nach Sonne im Herbst. Friedrich Schatz aus Korb im Remstal ist 1982 auf die Iberische Halbinsel ausgewandert und bewirtschaftet in der Nähe von Ronda in der Provinz Málaga ein Weingut.

Der Mann, Jahrgang 1963, war bereits als Jugendlicher beeindruckend zielstrebig. „Im Alter von 18 Jahren wusste ich zwei Dinge: Ich wollte Winzer werden – aber nicht zu Hause in Deutschland", sagt er. Italien konnte er sich vorstellen oder Frankreich, es wurde dann Spanien. Gerade volljährig, packte er seine sieben Sachen, fand die Finca Sangijuela in den Bergen, etwa zehn Kilometer von Ronda entfernt und kaufte sie kurzerhand mithilfe seiner Eltern und einem Bankkredit. Dass die Gegend damals gar kein offizielles Weinanbaugebiet war, hielt Friedrich Schatz nicht von seinem Plan ab. Der Korber war der Erste, der dort wieder Weinberge anlegte. Es dauerte einige Jahre, bis er die Behörden überzeugt hatte, dass er nur eine alte Tradition der Phönizier, Griechen und Römer aufgriff. Heute gibt es bei Ronda mehr als ein Dutzend Winzer, die zur Denominación de Orígen Málaga gehören, darunter auch ein Österreicher und ein Schwede.

Drei Hektar umfasst das Weingut von Friedrich Schatz. Es ist ein bio-dynamischer Einmannbetrieb mit tatkräftiger Unterstützung von Mutter und Vater. Gelernt hat er den Beruf des Gärtners im elterlichen Betrieb in Korb. Anfangs kultivierte er Trockenblumen, um die Zeit zu überbrücken, bis die Reben reif waren. Erst 1997 brachte er seinen ersten Jahrgang auf den Markt. Friedrich Schatz baut Tempranillo, Syrah, Merlot und Cabernet Sauvignon sowie Chardonnay an. Einzigartig in Spanien dürften wohl seine Mitbringsel aus der württembergischen Heimat sein: Lemberger und Muskat-Trollinger. Der Lemberger ist sein Flagschiff, Friedrich Schatz nennt ihn Acinipo, ein römischer Name für die Gegend, der übersetzt Land der Weine heißt. Er schmeckt anders als sein württembergisches Pendant, wie Sommerurlaub eben.

Bodega F. Schatz
E–29400 Ronda, Málaga
www.f-schatz.com

Friedrich Schatz (links) und
sein Vater: Pionier in Málaga

Für Pinot noir ans andere Ende der Welt

KAI SCHUBERT AUS WAIBLINGEN MACHT IN NEUSEELAND WEIN

Kai Schubert hat das Weite gesucht. Er stammt aus Waiblingen, wie ich, und ich kann durchaus nachvollziehen, warum er sein Glück anderswo verortete. Tatsache ist nun mal, dass die alte Stauferstadt einem Winzer wenig zu bieten hat. Kai Schubert, Jahrgang 1969, zog bis nach Neuseeland. Er und seine Partnerin Marion Deimling haben nämlich eine Mission. Sie sind um die Welt gefahren – um den idealen Ort zu finden, an dem sie einen großen Spätburgunder nach französischem Vorbild anbauen konnten. In Martinsborough wurden sie fündig und verwirklichten sich den Traum vom eigenen Weingut. 1998 kauf-

ten sie ein Stück Land in der Wairarapa-Gegend im südlichen Teil der nördlichen Insel. 100 Parzellen hatten sie sich zuvor angeschaut, bis die Entscheidung endlich fiel.

Kai Schubert hat in Geisenheim Önologie studiert, Marion Deimling ebenfalls, und er hat Eltern, die mit Weinbau zwar nichts am Hut haben, ihn aber unterstützen. Sie müssen einiges gewohnt sein, denn schon als Schüler entdeckte ihr Sohn die Leidenschaft für den Wein und legte sich einen beachtlichen Weinkeller zu. Seinen Vater Klaus Schubert, von Beruf Kaufmann, habe ich einmal auf der Pro Wein,

Kai Schubert und Marion Deimling: perfekte Bedingungen am anderen Ende der Welt

internationalen Weinkritik. Der US-Weinautor Robert Parker hat Schubert Wines beispielsweise in seine Liste der besten neuseeländischen Weingüter aufgenommen.

Die Schubert-Weine sind etwas Besonderes, von den Weißen bis zu den gewaltigen Rotweinen. Chardonnay, Grauburgunder, Müller-Thurgau und natürlich der in Neuseeland so verbreitete Sauvignon blanc baut das Paar auch an, allerdings zu 90 Prozent rote Sorten: neben Pinot noir, von dem mehrere Klone gepflanzt wurden, auch Merlot, Syrah und Cabernet Sauvignon. Das Weingut umfasst 40 Hektar, aber nur 13,5 Hektar sind mit Reben bestockt. Aufgrund des harten Klimas – späte Fröste, scharfe Winde, große Temperaturunterschiede zwischen Tag und Nacht – reduziert sich der Ertrag stark, ein Grund für die hohe Qualität. „Im Prinzip machen wir einen burgundischen Pinot noir in Neuseeland", hat Kai Schubert einmal in einem Interview erklärt. Bis der erste Jahrgang 2003 auf den Markt kam, waren vom Kauf des Weinguts bis zum Verkauf der ersten Flasche fünf Jahre vergangen. Die Weine haben ihren entsprechenden Preis.

Deutschlands größter Weinmesse, in Düsseldorf getroffen. Dort hat er die Weine seines Sohnes ausgeschenkt und jeden noch mehr gelobpreist als den vorherigen. In den Anfängen des Weinguts haben die Eltern den Vertrieb übernommen – bis der Keller im Einfamilienhaus zu klein geworden ist. Mittlerweile exportiert Kai Schubert in 25 Länder. Schließlich wird er nicht nur vom Vater gelobt, sondern auch von der

Schubert Wines Limited
Martinborough
New Zealand
www.schubert.co.nz

Rauschender Erfolg an den Niagarafällen

DER UHLBACHER HERBERT KONZELMANN FAND SEINEN PLATZ IN KANADA

Uhlbach ist die totale Idylle: Fachwerkhäuser im Ortskern, ein Weinbaumuseum in der alten Kelter, Lokale mit Namen wie Ochsen, Hasen und Löwen – und viele Weinberge. Allerdings kann es Leuten wie Herbert Konzelmann in solchen Dörfern zu eng wer-

den. Er brauchte nämlich Platz – und fand ihn in Kanada bei den Niagarafällen am Ufer des Ontariosees. 35 Hektar umfasst seine Konzelmann Estate Winery. Der Deutsche kommt auf der anderen Seite des Atlantiks gut an. In der neuen Welt mögen sie alte Sachen. So wirbt er mit seiner Herkunft und der Tradition. Auf den Etiketten ist das Tor der Uhlbacher Kellerei abgedruckt, das noch heute existiert. Darunter prangt der Spruch „Family owned since 1893" – im Familienbesitz seit 1893.

Herbert Konzelmanns Großvater Friedrich hat hinter diesem Tor mit dem Weinmachen begonnen und eine Kellerei aufgebaut, an die Weingärtner ihre Trauben verkauften. 1958 trat der Enkel ins Geschäft ein, das aber zunehmend schwieriger wurde. In Stuttgart wurden damals viele Weinberge zu Bauland oder zu Industriegebieten umgewidmet, zahlreiche Wengerter gaben ihren Nebenerwerb auf. Es gab also immer weniger Trauben für die Kellerei, der damit die Grundlage entzogen wurde. Deshalb landete Herbert Konzelmann 1984 in Kanada. „Kanada war immer schon sein Land", sagt sein Enkel Fabian, Jahrgang 1987, über den Opa, Jahrgang 1937. Dort hat er seine Urlaube verbracht und das Potenzial für den Aufbau eines Weinguts gesehen. Am Lake Ontario herrscht ein Klima wie im Elsass. Nur, dass es viel mehr freie Flächen gibt.

Dass das Business auch in Zukunft württembergische Wurzeln hat, dafür sorgt Fabian: Er hat kürzlich in Weinsberg an der Weinbauschule eine Techniker-Ausbildung gemacht; bei Gert Aldinger und anderen renommierten Winzern ging er in die Lehre. „Ich habe mir das Grundwissen in Deutschland geholt, weil es das perfekte Land ist, um zu lernen", sagt er. Die Winery pflegt einen deutschen Stil beim Weinmachen. Die Rieslinge sollen schlank und filigran sein. Weiße Burgundersorten bauen sie noch an und Vidal, ein kanadisches Eigengewächs. Der Rotweinanteil beträgt 40 Prozent, Cabernet und Merlot vor allem. Besonders stolz sind die Konzelmanns auf ihren Eiswein, der von der US-Zeitschrift Wine Spectator in die Liste der 100 besten Weine weltweit aufgenommen wurde – eine Premiere für ein kanadisches Weingut.

Wer beim Kanada-Urlaub Heimweh bekommen sollte, ist also bei den ehemaligen Uhlbachern richtig

aufgehoben, dem „Maker of Germanic wines". Das Weingut ist ein beliebtes Touristenziel und liegt zentral an der Wine Route und eben ganz in der Nähe der weltberühmten Niagara Fälle.

In Uhlbach bekommt man die Tropfen der Konzelmanns nämlich leider nicht; die Handelsverbindungen in die Heimat sind Geschichte. Vor allem in Nordamerika und Asien verkaufen die Schwaben ihren Wein, in Deutschland nur an einer ganz exklusiven und intenrationalen Adresse, nämlich im Berliner Kaufhaus des Westens (KaDeWe).

Konzelmann Estate Winery
Niagara-on-the-Lake, ON
Canada
www.konzelmann.ca

Herbert Konzelmann und Fabian Reis: Großvater und Enkel mit Wurzeln in Uhlbach